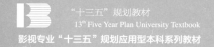 "十三五"规划教材
13th Five Year Plan University Textbook

影视专业"十三五"规划应用型本科系列教材

影视剪辑教程
Premiere Pro CC(2018)

杨新波　王天雨　杨　帆　著

中国传媒大学出版社
·北京·

图书在版编目(CIP)数据

影视剪辑教程：Premiere Pro CC (2018)/杨新波，王天雨，杨帆著.--北京：中国传媒大学出版社，2018.2(2025.1重印)

ISBN 978-7-5657-2225-7

Ⅰ.①影… Ⅱ.①杨… ②王… ③杨… Ⅲ.①视频编辑软件—教材 Ⅳ.①TN94

中国版本图书馆 CIP 数据核字(2018)第 029119 号

影视剪辑教程：Premiere Pro CC (2018)
YINGSHI JIANJI JIAOCHENG：Premiere Pro CC (2018)

编　　著	杨新波　王天雨　杨　帆
责任编辑	黄松毅
封面设计	风得信设计·阿东
责任印制	李志鹏

出版发行	中国传媒大学出版社
社　　址	北京市朝阳区定福庄东街 1 号　　邮　编　100024
电　　话	86-10-65450528　65450532　　传　真　65779405
网　　址	http://cucp.cuc.edu.cn
经　　销	全国新华书店

印　　刷	北京中科印刷有限公司
开　　本	787mm×1092mm　　1/16
印　　张	17
字　　数	305 千字
版　　次	2018 年 2 月第 1 版
印　　次	2025 年 1 月第 10 次印刷
书　　号	ISBN 978-7-5657-2225-7/TN·2225　　定　价　88.00 元

本社法律顾问：北京嘉润律师事务所　郭建平

内容简介

Brief Introduction

本书全面系统地介绍了 PREMIERE PRO CC 2018 影视剪辑的基本使用方法和制作技巧，内容包括剪辑的基础知识、项目管理、画面编辑、声音编辑、字幕设计、镜头转场、添加视频效果等。

本书以基础知识和技术操作为基础，以课堂案例为引导，通过实际操作，使学生快速熟练软件功能和后期剪辑设计思想。书中案例多取自于学生的作品，以学生实习案例进行讲解，更接近学生的思维，利于学生的学习。

本书既可作为专业院校后期剪辑专业课程的教材，也可作为自学人员的参考用书。

本书配有相关案例的音频、视频和图片素材文件，读者可通过扫描二维码获取本书相关学习资源。

扫一扫，获取本书
在线学习资源

前言
Preface

  本书根据多年的教学经验编写，从最基础的视频知识讲起，对每个细节解释透彻，在讲解各个知识点时结合了大量精心挑选的完全对位的作品案例，使抽象的理论知识能为学生迅速地掌握和理解。有些剪辑基础的同学通过案例练习，可使剪辑水平得以进一步提高。

  本书对操作步骤和操作方法讲解力求细致，以便学生理解和掌握。各章设有综合练习，使学生能够在实际动手操作中轻松掌握软件的使用方法。视频效果和色彩校正部分对 Premiere Pro CC 中的全部应用效果进行了图解分析，并以图解的形式展现，便于学生进行针对性学习。本书在内容上结合高校影视后期剪辑教学中实际存在的问题，吸取多位一线教师所提出的相关建议并根据学生的反馈进行编写，力求教材有新意。

  书中首次使用动画的形式分析解释波纹、滚动、滑行和错落等剪辑工具的使用，使教师难以解释和学生难以理解的内容变得豁然明白。书中的案例多来源于学生作品，具体且不抽象，实践性很强。作品案例练习便于学生对 PR 关键知识点的掌握，便于他们对课上所学知识的理解。

  全书分 14 章，对影视理论常识、操作面板、剪辑技术、视频转场、音频剪辑、字幕设计、效果应用和视频渲染输出分章节进行教学。杨新波负责本书5-6、9-14 章的编写；王天雨负责 1-4 章的编写；杨帆、冯婷婷负责 7-8 章的编写。参与本书编写工作的还有张孟军、那鑫、杨东伶、薛立磊、付超、魏世伟、武卫卫、黄景志、吴英昊等。本书在编写过程中得到了许多老师的帮助，片中练习素材选用了一些学生作业素材，在此一并表示感谢。

  在本书编写过程中，由于能力以及水平有限，版本更新衔接时间紧凑，书中难免存在错误和疏漏，欢迎批评指正，提出宝贵的建议。

  本书配有相关教学资源，包括书中使用的案例视频素材以及效果文件，方便学习对照使用。

目录
Contents

初识影视后期编辑

课程学习要点

    本章教学对非线性编辑的概念进行具体说明，使学生对 Premiere Pro CC 的主要功能、界面基本组成有一个了解，对制作影视作品有初步的认识，为下一步学习打下良好的基础。

- 视音频编辑的基础理论知识
- Premiere Pro CC 界面和面板概述
- 后期剪辑的工作流程
- 学生编辑作品的分析和鉴赏

1.1 视音频编辑的基本概念

影视（包括网络视频）是当前大众化的、最有影响力的视觉媒体形式。影视后期编辑，是通过画面、声音、字幕，传达与表现故事情节的方法，是对前期拍摄完的素材，以视觉传达理论为基础，使用影视编辑设备和非线性编辑软件，运用影视编辑技巧，进行影视制作的技术。

摄录和编辑技术的长足发展，为记录历史、描写生活提供了可能。微电影、网络视频等新颖别样、便于掌握的视频体裁受到了充满好奇心与求知欲的普通大众的追捧，后期编辑逐渐为人们所认知，参与影视制作，实现剪辑梦想，亲手完成自己的影视作品，并欲求在媒体得以传播的普通大众纷纷关注并参与到这一领域当中来。

1.2 视音频基础理论知识

学习视音频编辑，需要掌握一些必要的影视制作相关知识，理论知识的学习对实际技术的掌握能够起到事半功倍的效果。

1.2.1 线性编辑和非线性编辑

对视音频进行编辑的方式可以分为线性编辑和非线性编辑两种。

1. 线性编辑

线性编辑是一种按照时间顺序从头至尾进行编辑的节目制作方式。它是在编辑机上进行的，编辑机通常由一台放像机和一台录像机组成。编辑人员通过放像机选择一段合适的素材并播放，由录像机记录有关内容，然后使用特技机、调音台和字幕机来完成相应的特技、配音和字幕叠加，最终合成影片。

这种编辑方式存储的介质通常是磁带，因此要求编辑人员首先编辑素材的第一个镜头，结尾的镜头最后编。它意味着编辑人员必须对一系列镜头的组接做出确切的判断，因为一旦编辑完成，想要在编辑好的录像带上插入或删除视音频片段，那么在插入点或删除点以后的所有视音频片段都要重新编辑，在操作上非常不方便。

2. 非线性编辑

非线性编辑是相对于传统的以时间顺序进行的线性编辑而言的，是指应用计算机图形和图像技术，在计算机中对各种影视素材进行编辑，并将最终结果输出到计算机硬盘、光盘等记录设备中的一系列操作。非线性编辑应用计算机来进行数字化制作，几乎所有的工作都在计算机上完成，不再需要太多的外部设备，对素材的调用也是瞬间实现，不需要反反复复在磁带上寻找，它突破了单一的时间顺序编辑限制，可以按各种顺序排列，具有快捷简便、随机的特性。非线性编辑只要上传一次素材就可以进行多次编辑，信号质量始终不会变低，大大节约了设备和人力资源，提高了工作效率。

1.2.2　视频制式概述

制式即传输电视信号所采用的标准。世界上通用的彩色电视制式有三种：NTSC（National Television Standards Committee）制、PAL（Phase Alteration Line）制和 SECAM（法文 Sequentiel Couleur A Memoire）制。它们的区别主要表现在帧速率、分辨率以及信号带宽等方面。

制式	扫描线	帧速率	分辨率	采用国家或地区
NTSC	525 线	29.97fps	720 像素 ×480 像素	美国、加拿大、墨西哥、日本、韩国
PAL	625 线	25fps	720 像素 ×576 像素	中国、澳大利亚、欧洲大部分国家以及南美洲国家
SECAM	625 线	25fps	720 像素 ×576 像素	法国、俄罗斯、中东及非洲大部分国家

1.2.3　分辨率、屏幕／像素宽高比

像素是构成图形的基本元素。电视的清晰度就是分辨率，分辨率是指图像单位面积内像素的多少，分辨率越高，图像越清晰。屏幕宽高比即影片画面的长宽比，常见的电视格式为 4：3 和 16：9。像素宽高比是指影片画面中每一个像素点的长宽比，通常计算机使用正方形像素显示画面，其宽高比为 1.0；电视机使用矩形像素显示画面，PAL 使用的像素宽高比为 1.09。如果在正方形像素的显示器上显示未经矫正的矩形像素画面，画面会出现变形。

1.2.4　帧速率和场

帧是影片中的一幅图像，一帧即为一幅静态的画面。帧速率也称为 FPS（Frames Per Second 的缩写，即"帧／秒"），是指视频中每秒播放的帧数。如果要生成平滑连贯的动画效果，帧速率一般不小于 8FPS，电影的帧速率为 24FPS。制作动态视频内容时，帧速率越高，动画效果越流畅。

视频素材的信号分为交错式和非交错式两种，也就是我们通常所说的隔行扫描和逐行扫描。

逐行扫描（Progressive Scanning）是指显示屏在对图像进行扫描时，从

屏幕左上角的第一行开始逐行进行，整个图像扫描一次完成。因此得到的图像画面闪烁感小，质量高。

隔行扫描（Interlace Scanning）就是每一帧被分割为两场，每一场包含了一帧中所有奇数行或者偶场，通常是先扫描奇数行得到第一场，然后扫描偶数行得到第二场。由于视觉暂留效应，人眼看到的是平滑的动画效果，而不是闪动的半帧、半帧的图像。但是这种方法造成了两幅图像显示的时间间隔比较大，从而导致图像画面的闪烁感较强。因此这种扫描方式得到的图像清晰度低于逐行扫描，通常是在早期的显示作品中使用。

1.2.5　时码

确定视频素材长度及每幅画面的位置，以便在播放和编辑时对其进行定位，这就是时码。时码的表示方法是小时（H）：分（M）：秒（S）：帧（F）。

1.2.6　视频压缩

视频压缩也称视频编码，是指通过特定的压缩技术，将某个视频格式的文件转换成另一种视频格式文件的方式，其目的是减少文件数据，节省储藏空间，缩短处理时间。

1.2.7　标清、高清、4K 和 8K

标清（Standard Definition）和高清（High Definition）是尺寸上的差别，而不是文件格式上的差异。标清是指物理分辨率在 720P 以下的一种视频格式。而物理分辨率达到 720P 以上的则称为高清，分辨率通常为 1280 像素 ×720 像素，1080P 分辨率为 1920 像素 ×1080 像素。高清的数据量是非常大的，画面质量优于标清。

2K、4K 是标准在高清之上的画质格式，分辨率分别为 2048 像素 ×1080 像素和 4096 像素 ×2160 像素。8K 是超高画质标准，分辨率为 7680×4320 像素。

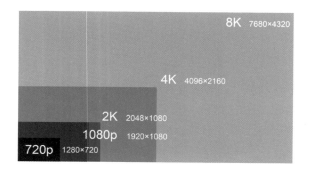

1.2.8　音频采样速率

音频采样速率是指录音设备在一秒钟内对声音信号的采样次数，采样频率越高音质越真实。22KHz 可以达到 FM 广播的音质，44.1KHz 理论上达到 CD 的音质，48KHz 则更加精准一些，可以达到数字电视、DVD 的音质。

1.3　影视编辑理论基础

1.3.1　影视编辑的定义

影视编辑是影视制作的最后环节，根据影视节目的要求选择需要的镜头素材，确定最佳的剪辑点，对素材进行整理组合、排列。影视制作是一个由策划、编写剧本、拍摄等多环节构成的综合过程，编辑是以上环节的延续和最后完成。影视编辑是繁琐而又细致的富有创造性的工作，一部成功的片子，在组接前，面对的是大量的零碎的素材片段，只有给予它们艺术与技术的巧妙结合才能清晰准确表达出影片的叙事情节，产生激动人心的效果。

景别的过渡要自然、合理，表现同一拍摄对象的相邻镜头组接要合理、顺畅、不跳动，需遵守以下三条规则：

◇景别要有明显的变化，否则将产生画面的明显跳动。

◇景别差别不大时，要改变摄像机的机位，否则也会产生跳动，好像一个连续镜头从中间被剪去了一段。

◇同景别不宜相接。

1.3.2　影视编辑的流程

影视编辑软件的基本操作可以简单地将其看成输入、编辑和输出，这个过程就是影片制作流程。当然由于软件的不同也会各有差异，Premiere 的基本操作主要分为 7 个步骤：

1.　创建项目和序列

这是编辑制作影片的第一步，要按照影片的制作需求，配置好适合播出模式要求的项目和序列。

2.　素材的采集与输入

采集就是利用 Premiere 的采集功能，借助采集卡将录像带的模拟视频信号转换成数字信号存储在计算机中，成为可以处理的素材。输入就是将图像、视频、声音等素材导入 Premiere 中，准备剪辑使用的过程。

3. 素材编辑

按照剧本内容，从结构、节奏、声音处理、场面转换等方面，运用蒙太奇的方法体现剧本意图。从动作、造型、时空三方面，选择最合适的部分设置素材的入点与出点，然后按合理的顺序组接不同素材。

4. 特技处理

对于视频素材来说，特技处理包括转换、特效及合成叠加；对于音频素材来说，特技处理包括对声音素材的转换和特效。神奇的画面效果和美妙的音质就是在这一过程中产生的。

5. 字幕制作

字幕是节目中非常重要的部分，包括文字和图形两个方面，使用 Premiere Pro CC 可以完成静态字幕、游动字幕、滚动字幕、路径字幕及基于字幕建立字幕的制作，借助文字模板建立字幕。

6. 混合音频

内容包括音频素材处理，音频混合器的使用和音频调节的方法，录音和音频特效的应用。

7. 输出与生成

节目编辑完成后，按照需求生成适合的视频文件格式输出或发布在网上，也可保存为 DVD 等数据形式，或录制到录像带上保留。

1.3.3　镜头组接蒙太奇

蒙太奇在影视艺术中的含义为剪辑、组合剪接，即影片构成形式和构成方法。它在表现形式上分为叙述和表现两个类型。

1. 叙述蒙太奇

按照情节的发展、时间、空间、逻辑顺序和因果关系组接镜头场面和段落，表现事件的连续性，推动情节发展。

2. 表现蒙太奇

以并列、交叉、对比、象征、比喻等镜头队列形式，通过相连或相叠镜头在形式或者内容上的相互对照、冲击表现影片的情感和情绪。

1.4　Premiere Pro CC 界面介绍

Premiere Pro CC 出自 Adobe 公司，是一款可基于 PC 平台的视频编辑软件，广泛应用于广告制作和电视节目制作、电影剪辑等。画面编辑质量优良，有较好的兼容性，与 Adobe 公司推出的平面编辑、网络设计、影视和音频制作软件相互协作，融为一体。

1.4.1　Premiere Pro CC 对系统的需求

随着软件版本的不断更新，Premiere 的功能越来越强大，同时安装文件的大小也与日俱增，为了能够让用户完美地体验所有功能的应用，Premiere Pro CC 对计算机的软硬件配置也都提出了一定的要求。

下面以 Premiere Pro CC（2018）为例，简单介绍一下该软件安装在 Windows 系统和 MacOS 系统下的不同需求。

1. Windows 系统

◇带有 64 位支持的多核 Intel 处理器。

◇ Microsoft Windows 7 Service Pack 1（64 位）、Windows 8.1（64 位）或 Windows 10（64 位）。

◇ 8 GB RAM（建议 16 GB 或更多）。

◇ 8 GB 可用硬盘空间用于安装；安装过程中需要额外可用空间（无法安装在可移动闪存设备上）。

◇ 1280×800 显示器（建议 1920×1080 或更高分辨率）。

◇ ASIO 协议或 Microsoft Windows Driver Model 兼容声卡。

◇可选：Adobe 推荐的 GPU 卡，用于实现 GPU 加速性能。

◇具备 Internet 连接并完成注册，才能激活软件、验证订阅和访问在线服务。

2. MacOS 系统

◇带有 64 位支持的多核 Intel 处理器。

◇ MacOS X v10.11、v10.12 或 v10.13。

◇ 8 GB RAM（建议 16 GB 或更多）。

◇ 8 GB 可用硬盘空间用于安装；安装过程中需要额外可用空间（无法安装在使用区分大小写的文件系统的卷上或可移动闪存设备上）。

◇ 1280×800 显示器（建议 1920×1080 或更高分辨率）。

◇声卡兼容 Apple 核心音频。

◇可选：Adobe 推荐的 GPU 卡，用于实现 GPU 加速性能。

◇具备 Internet 连接并完成注册，才能激活软件、验证订阅和访问在线服务。

1.4.2　启动 Premiere

双击桌面上的 Pr 快捷图标，或者通过【开始】菜单—"所有程序"选项启动 PR 软件。选择新建项目后，弹出项目面板，选择视频显示格式和音频显示格式，确定项目名称和存放位置，然后在新建序列窗口创建一个新的序列来打开软件。

1.4.3　初识用户操作界面

Premiere 窗口面板众多，但布局有序而又简明清晰，如图 1-4-1 所示。

图 1-4-1　操作界面

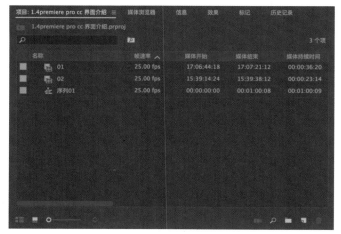

图 1-4-2　"项目"面板

1."项目"面板

组织和管理素材的窗口。在项目中的素材，会显示名称、类型、长度、大小等主要信息，面板上部区域会显示选择素材的缩略图和基本信息，如图 1-4-2 所示。

2."监视器"面板

"监视器"面板的作用是对作品创建时进行预览。在 Premiere Pro CC 的工作界面中可以看到两个"监

视器"面板结合在一起：左边的子面板是"源监视器"，用于播放、整理原始
素材片段；右边的是"节目监视器"，用于对整个节目进行编辑或预览，如图
1-4-3 所示。

图 1-4-3　"源监视器"面板和"节目监视器"面板

3. "时间线"面板

它是装配序列、编辑视频素材和音频素材的主要场所。按照从左至右，以
及层的由上到下的顺序排列，使用工具箱中的各种剪辑工具进行剪辑操作，如
图 1-4-4 所示。

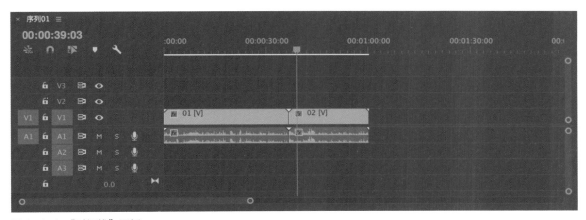

图 1-4-4　"时间线"面板

4. "效果控件"面板

用于控制对象的运动、不透明度、时间重映射以及特效的设置，如图
1-4-5 所示。

5. "音频剪辑混合器"面板

该面板可采用专业调控台的方式控制声音，如图 1-4-6 所示。

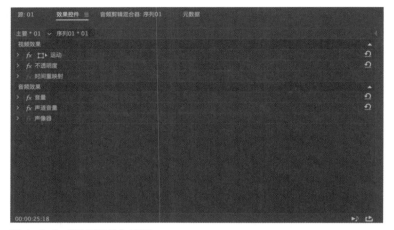

图 1-4-5 "效果控件"面板

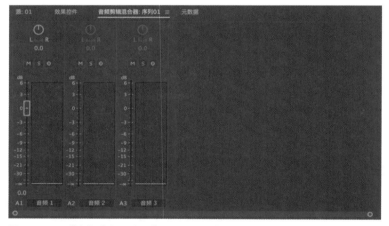

图 1-4-6 "音频剪辑混合器"面板

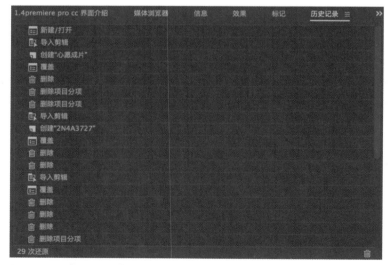

图 1-4-8 "历史记录"面板

图 1-4-7 "工具"面板

6. "工具"面板

工具面板提供了编辑影片的常用工具,如图 1-4-7 所示。

7. "历史记录"面板

"历史记录"面板可以记录编辑人员的每一步操作。在历史面板中单击要返回的每一步操作,剪辑人员就可以恢复到若干步前的操作,如图 1-4-8 所示。

8. "信息"面板

主要显示处于选择状态的素材及转场的相关信息,如素材的长度、出点、入点等。信息面板对编辑工作起重要的参考作用，如图 1-4-9 所示。

9. "效果"面板

该面板用于存放音频、视频切换效果和特技效果，如图 1-4-10 所示。

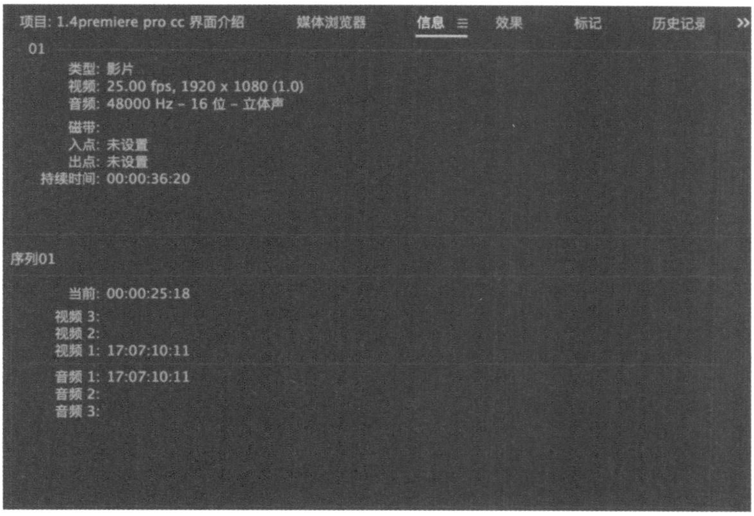

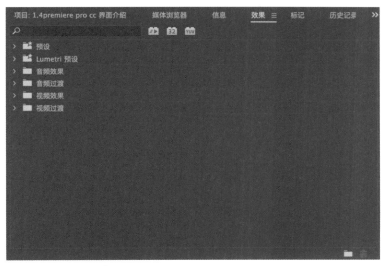

图 1-4-9 "信息"面板

图 1-4-10 "效果"面板

1.4.4 菜单栏

Premiere Pro CC 的主要功能都可以通过执行菜单栏中的命令来完成，执行菜单命令是最基本的操作方式。菜单栏中包括【文件】【编辑】【剪辑】【序列】【标记】【图形】【窗口】和【帮助】8 个功能各异的主菜单。菜单命令往往与剪辑工具配合使用，如图 1-4-11 所示。

文件(F)	编辑(E)	剪辑(C)	序列(S)	标记(M)	图形(G)	窗口(W)	帮助(H)

图 1-4-11　菜单栏

如【窗口】菜单主要用于实现对各种编辑窗口和控制面板的管理，它既可以选择工作区的各种工作模式，也可以将混乱的工作区恢复为标准状态，如图 1-4-12 所示。

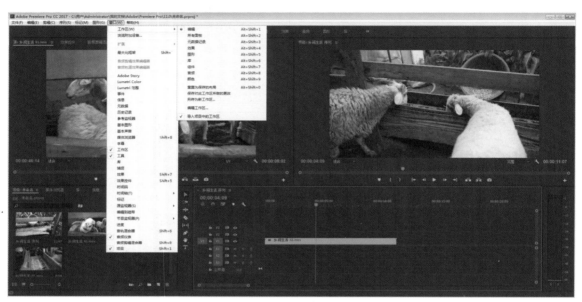

图 1-4-12　窗口菜单

第 2 章
项目管理与基本操作

课程学习要点

    对 Premiere Pro CC 项目面板的功能做详细介绍，使学生了解建立项目、正确设置序列、采集和准备素材、导入素材和管理素材的方法。通过一个实际案例了解影视节目整体制作过程。

- 项目面板管理
- 序列的建立
- 参数的设置
- 素材的认知和导入

2.1 项目文件操作

项目是 Premiere 等编辑软件特有的文件形式，项目中包含一个项目窗口，用来存储项目中所使用的相关素材及序列，以及对素材进行处理、效果设置、剪辑、排列、转场、音频混合等。

2.1.1 创建并配置项目

启动 Premiere，在欢迎界面中可以新建项目或打开一个原有项目，另外也可以在最近使用项中单击任何一个项目文件，打开 Premiere Pro CC，并打开该项目。

在 Premiere Pro CC（2018）中新增加了针对"团队项目"的操作。团队项目是一款面向 CC 企业用户的托管服务，可以让编辑人员和动态图形艺术家协同工作。团队项目现在可以让用户在 Adobe Media Encoder CC 和 Premiere Pro CC、After Effects CC 和 Prelude CC 中协作。目前我们也可以在欢迎界面中新建或者打开团队项目，如图 2-1-1 所示。

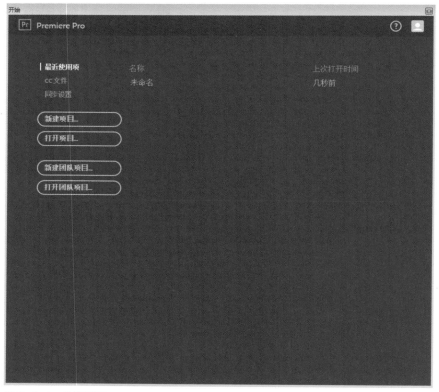

图 2-1-1　欢迎界面

2.1.2　项目的设置

新建项目时，要对项目进行设置，确定存放位置和定义项目名称。双击桌面 Premiere Pro CC 启动图标按钮，进入欢迎界面后，单击"新建项目"图标按钮，打开"新建项目"对话框，如图 2-1-2 和 2-1-3 所示。

在"常规"选项卡中，如果显卡满足要求，可选择水银渲染模式，用硬件代替软件渲染，提高渲染速度。视频显示格式为"时间码"，将音频项目的"显示格式"设置为"音频采样"，将"采集"项目的"采集格式"设置为"DV"。在"位置"栏里，设置项目应保存的路径，在"名称"栏里，给项目命名。

在"暂存盘"选项卡中，在"捕捉的视频""捕捉的音频""视频预览""音频预演"等栏目里设置素材存放的路径位置，也可选择"与项目相同"。

2.1.3　创建与设置序列

在创建了新的项目后，接着要创建序列。在随后调出的"新建序列"对话框中设置序列的属性。从左侧可以选择需要的合适预置，右侧为描述预置的相关信息，如图 2-1-4 所示。

如有特殊项目要求，序列预设选项不能满足要求，单击设置－自定义标

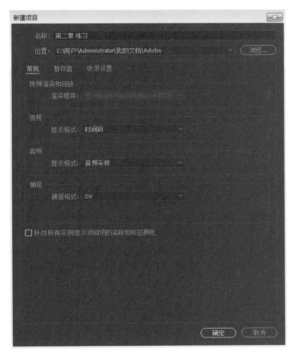

图 2-1-2　"常规"选项

图 2-1-3　"暂存盘"选项

图 2-1-4　新建序列预设

签，可自定义需要的选项。确定合适的编辑模式、时间基准、画幅大小、像素纵横比、场、音频采样等自定义的参数。如：采用视频模式：DV PAL；时基：25 帧 / 秒；画幅大小：720×576；像素纵横比：1.094；场序：无场；显示格式：25fps 时间码；音频速率：48000Hz；显示格式：音频采样，如图 2-1-5 所示。

单击轨道定义标签，可定义视频和音频轨道的数量、音轨的形式等，如图 2-1-6 所示。

2.1.4　打开过去建立的项目

利用菜单命令打开项目文件。选择"文件"/ 打开项目，寻找项目所在位置打开项目。选择【文件】→【打开最近使用的内容】，可打开菜单所列的最近使用的项目文件，如图 2-1-7 所示。

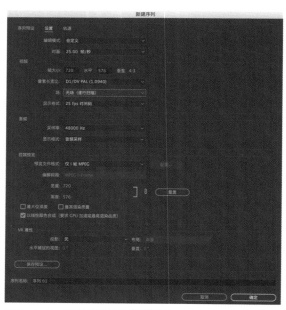

图 2-1-5　新建序列的参数设置

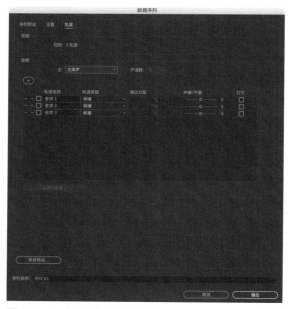

图 2-1-6　新建序列的轨道设定

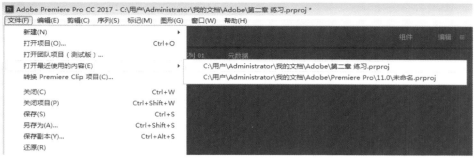

图 2-1-7 打开项目

2.1.5 保存项目

项目是剪辑的完整记录，项目文件不能丢失或损坏，否则你辛苦的工作会前功尽弃。Premiere Pro CC 有自动保存项目的功能，在编辑的过程中，系统会根据用户的设置，自动对已编辑内容进行保存。

◇使用【文件】→【保存】存储命令或使用【Ctrl+S】组合键直接保存。

◇使用【文件】→【另存为】命令或使用【Ctrl+Shift+S】组合键以其他名字保存。

◇使用【文件】→【保存副本】命令或使用【Ctrl+Alt+S】组合键保存副本。

2.2 首选项

2.2.1 首选项概述

Premiere Pro CC 允许用户自定义 Premiere 的外观和功能。大部分首选项在参数确定后始终保持，直至更改它们。恢复默认首选项设置，要在应用程序启动时按住 Alt 键，出现启动画面时，可以松开。

首选项有 15 个设置部分：常规、界面、音频、音频硬件、音频输出映射、自动保存、采集、设备控制器、标签颜色、默认标签、媒体、内存、播放、字幕、调整参数设定。

2.2.2 首选项常规参数设定

在"首选项"对话框的"常规"窗格中，我们可以自定义从"过渡持续时间"到"工具提示"等各项设置，如图 2-2-1 和 2-2-2 所示。

◇指定音频、视频和静止图像的默认持续时间。

◇设置时间轴回放自动滚屏。

图 2-2-1　首选项

图 2-2-2　常规参数

利用"页面滚动"可在播放指示器移出屏幕后，将时间轴自动移动至新视图。选择此选项可确保回放连续，且不会停止。

◇设置时间轴鼠标滚动方式。

◇设置渲染预览后播放工作区域。

◇设置导入素材大小自动匹配与项目的帧尺寸。

◇设置文件夹操作对应结果。

◇渲染时是否包括音频。

◇显示"剪辑不匹配"对话框。

2.3　素材的管理

2.3.1　捕捉与录音

◇打开新建项目窗口，设置捕捉格式 DV，如图 2-3-1 所示。

◇将装入录像带的数字摄像机用火线与计算机 IEEE1394 接口连接。把摄像机调整到放像状态。

◇选择"【文件】→【捕捉】"命令或使用快捷键【F5】打开捕捉窗口，如图 2-3-2 所示。

在捕捉之前一定尽量先设置好捕捉位置，对窗口进行必要的调整。单击设置标签，打开设置面板，如图 2-3-3 所示。注意音频跟视频所捕捉的位置必须相同，才能将所捕捉的音频跟视频完整地记录在一起，否则它们会分别存储在

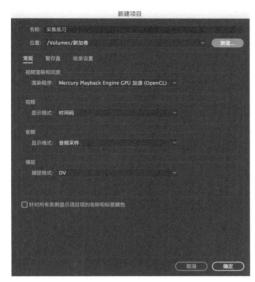

图 2-3-1　捕捉格式

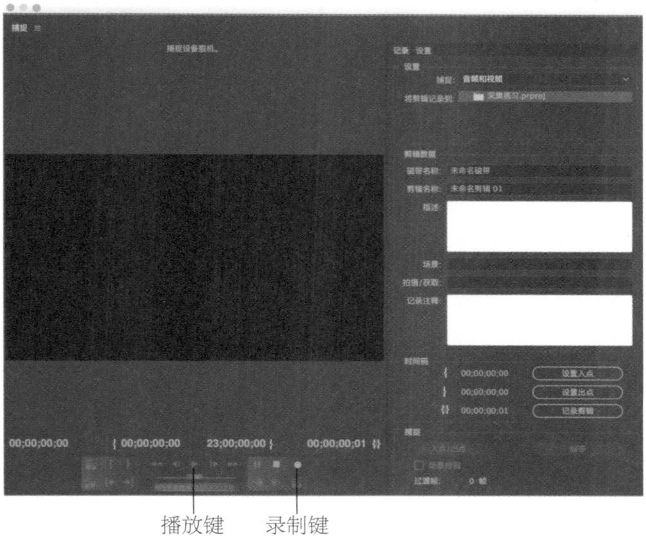

图 2-3-2　采集窗口

（图中标注：播放键　录制键）

你所设置的不同位置上。

点击浏览，可以设置自己所捕捉音视频的位置，通过此设置可以将磁带里面的视频直接捕捉到自己的移动硬盘里面。在正常捕捉视频状态下，先点击录制（捕捉）键，再点击播放键。捕捉完后点击录制（捕捉）键则会自动弹出一个小框，说明从之前开始到此为止已经捕捉的视频，直接点击确定，捕捉工作结束。

2.3.2　导入素材

Premiere Pro CC 可以通过捕捉或录制获取素材，还可以将硬盘或光盘上的素材导入进行编辑。方法是：左键双击项目空白处或右键单击项目空白处或使用菜单命令"【文件】→【导入】"，都可以调出导入文件对话框，选择所需的素材文件或整个文件夹，将其导入到项目面板中。另外还可以直接把素材从文件夹中拖到项目面板中，如图 2-3-4 所示。

1. 导入音视频文件

Premiere Pro CC 支持多种音视频文件的导入，如果在导入音视频文件时出现导入素材不能被识别的情况，说明素材的音视频解码有问题，可使用格式转

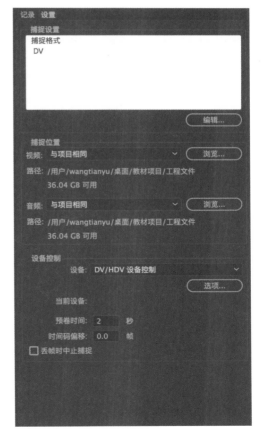

图 2-3-3　采集设置

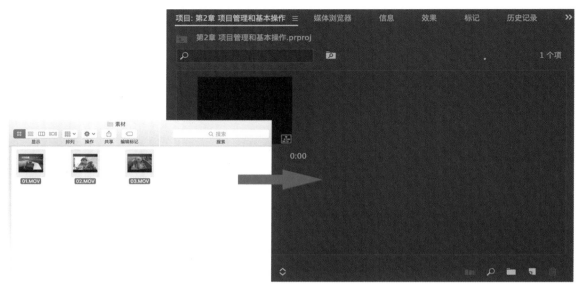

图 2-3-4　导入素材

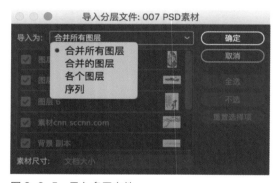

图 2-3-5　导入多层文件

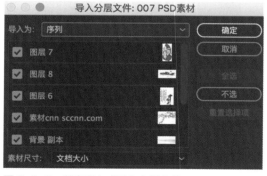

图 2-3-6　以序列方式导入多层文件

换软件，将其转换为可识别的格式。

2. 导入静止图片

可以导入小于 32768×32768 像素的静态图片。

3. 导入分层的 Photoshop 和 Illustrator 文件

使用菜单命令"【文件】→【导入】"，在导入文件对话框中，选择分层的 Photoshop 和 Illustrator 文件，打开，弹出【导入分层文件】对话框，在"导入为"下拉菜单中选择合并所有图层、合并的图层、各个图层或序列方式导入，如图 2-3-5 所示。

选择层方式导入：在下方的层选项栏，可以详细选择合并图层或单个图层，并在下面的下拉列表中选择导入文件的某一层。以序列方式导入素材后，分层的文件被自动转为轨道上的静止图片素材，仍保持原文件层排列方式，如图 2-3-6 所示。

4. 导入图像序列文件

可以把在同一文件夹的静态图片素材，按照文件名的数字或字顺序以图像序列方式导入，图片被合并转变为视频素材，每一幅图片成为视频素材片段中的一帧，如图 2-3-7 所示。

5. 导入项目文件

Premiere Pro CC 可以导入在其他 Premiere 软件中完成的项目，导入的项目文件保留原项目的剪辑过程。这样可以导入多个项目，并在原项目基础上进行剪辑，最后汇总总项目，有利于完成复杂的剪辑。

在导入项目文件时，可以导入整个项目，也可以根据需要，有针对性地选择项目中的某个序列单独导入，如图 2-3-8 和 2-3-9 所示。

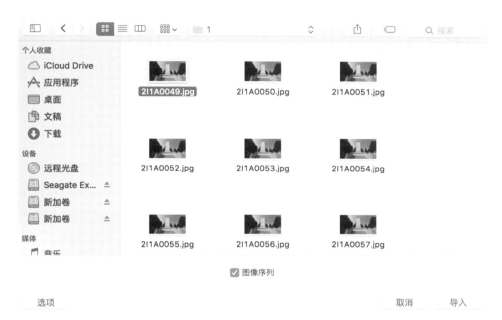

图 2-3-7 导入图像序列

图 2-3-8 导入项目文件

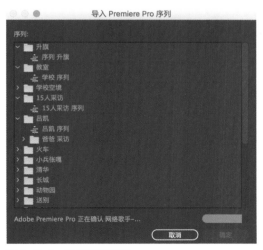

图 2-3-9 选择项目序列

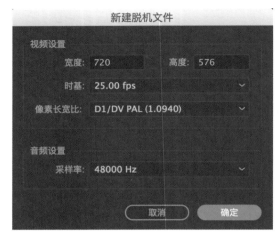

图 2-3-10 建立脱机文件

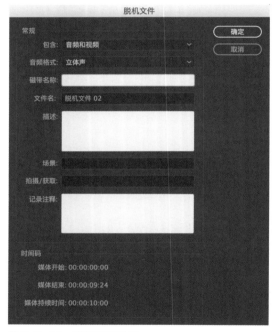

图 2-3-11 脱机文件时长

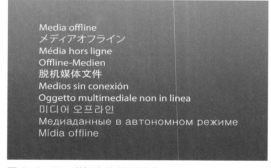

图 2-3-12 脱机文件显示形式

2.3.3 建立视频元素

在项目面板中可以建立编辑时要使用的一些视频元素，如脱机文件、彩条、黑场视频、颜色遮罩、通用倒计时片头、透明视频等。

◇脱机文件：建立的脱机素材可以进行编辑，保留编辑状态，可以用媒体链接形式以实体素材替换，起占位作用。

使用"【文件】→【新建】→【脱机文件】"命令，或单击项目调板底部的【新建分项】按钮，在弹出菜单中选择【脱机文件】的尺寸、像素长宽比、音频采样率，确定脱机文件时间长度。脱机文件会以红色的多种外文形式显示媒体离线脱机，如图 2-3-10 和 2-3-12 所示。

◇彩条：为了校准视频监视器和音频设备，常在节目前加若干秒的彩条和 1KHz 的测试音，使用菜单命令"【文件】→【新建】→【彩条】"或单击项目调板底端的新建按钮，在弹出菜单中选择彩条命令，即可在项目面板中创建带测试音的彩条。

◇黑场视频：在节目中如需要黑色背景，可以通过创建黑场，生成与项目尺寸相同的黑色静态背景图。使用菜单命令"【文件】→【新建】→【黑场视频】"或单击项目调板底端的新建按钮，在弹出菜单中选择黑场视频命令，即可在项目面板中创建一个黑场文件。

◇颜色遮罩：颜色遮罩与黑场视频类似，只不过是黑色以外的颜色，使用菜单命令"【文件】→【新建】→【颜色遮罩】"或单击项目调板底端的新建按钮，在弹出菜单中选择颜色遮罩命令，调出拾色器对话框，选择颜色输入名称，便可在项目面板中创建一个颜色遮罩文件。

◇通用倒计时片头：倒计时具有帮助校验音视频同步，并提示正片开始的作用。使用菜单命令"【文件】→【新建】→【通用倒计时片头】"

或单击项目调板底部的新建按钮，在弹出菜单中选择通用倒计时片头命令，即可在项目面板中创建通用倒计时片头。

◇透明视频：利用透明视频可以对空轨道施加效果，使用菜单命令"【文件】→【新建】→【透明视频】"或单击项目调板底部的新建按钮，在弹出菜单中选择透明视频命令，即可在项目调板中创建透明视频。

2.4 项目管理

项目面板是素材文件的管理器，进行文件编辑之前，采集或导入的素材、新建的视频元素都会出现在项目面板中，Premiere Pro CC 利用项目面板来存放和管理素材。项目面板会列出每一个素材的信息，使用者可以对素材进行查看和分类，按照需要对项目面板中的素材进行管理。

2.4.1 自定义项目面板

项目面板中，提供了两种素材的显示方式。一种是列表视图，如图 2-4-1 所示。另一种是图标视图，如图 2-4-2 所示。列表视图显示每个素材的具体显示信息，图标视图显示一帧画面及音频波形。

选择项目面板下方【列表视图】【图标视图】按钮，可在两种形式间转换，如

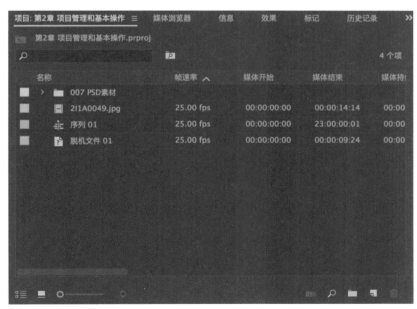

图 2-4-1　列表视图

图 2-4-2　图标视图

图 2-4-3 所示。

可以选择显示所需素材的哪些属性列。使用项目面板的弹出菜单命令，在调出的【元数据显示】对话框中，勾选需要显示的属性，这些属性会自动显示在项目面板上，如图 2-4-4 所示。

列表 图标

图 2-4-3　项目面板下方按钮

图 2-4-4　元数据显示对话框

2.4.2 文件夹管理

可以把各类素材（如静帧图像、视频、音频、序列等）分别命名，建立"文件夹"并分类放入各类素材，如图 2-4-5 所示。

双击文件夹，可以脱离项目调板浮动打开，像其他调板一样进行操作。按住 Ctrl 键，双击文件夹，可以在当前调板打开。按住 Alt 键，双击文件夹，可以在新标签中打开，如图 2-4-6 所示。

2.4.3 管理素材的方法

◇使用菜单命令可以对所选对象进行【剪贴】【拷贝】【粘贴】及【清除】

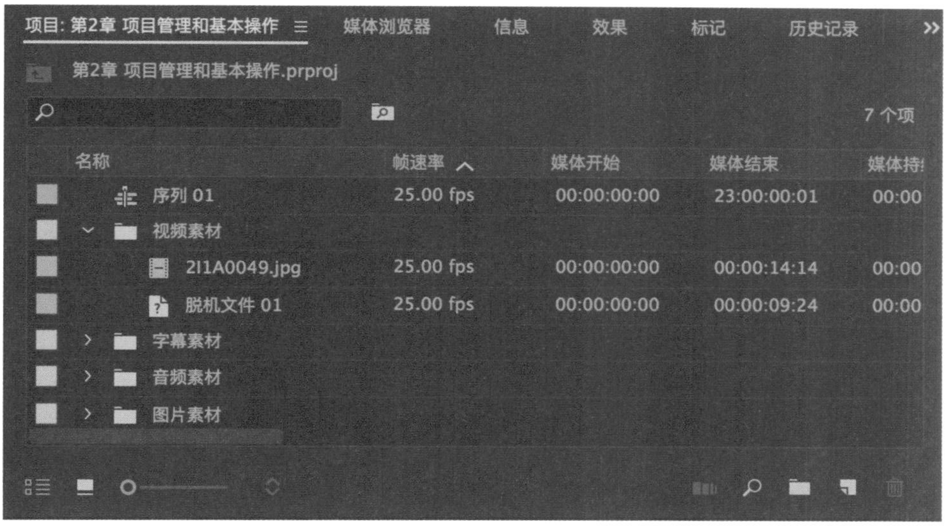

图 2-4-5　项目面板文件夹嵌套

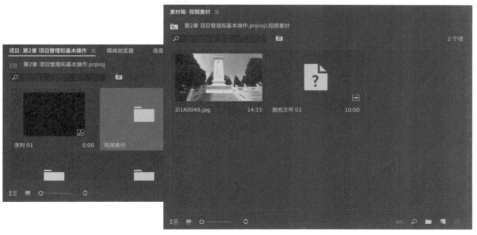

图 2-4-6　浮动项目面板

的操作。

◇查找素材：使用项目调板下方【查找】按钮，调出查找对话框，在项目面板素材很多时可逐个进行查找，如图2-4-7所示。

◇单击素材名称，激活后可更改素材名称。

2.4.4　设定故事板

对于较复杂的影片，需分类管理众多混乱的素材，在开始编辑之前，往往需要按照剧情对素材进行简单的规划，设定故事板，大概勾勒出影片的结构，便于后面的编辑。在面板中可建立文件夹的分类，用拖拽的方式对各个素材进行任意排序。项目面板的图标视图大致体现了故事板的功能。选择故事板中的素材，拖拽素材底部的滑块，预览素材内容，确定素材的缩略图帧（如图2-4-8所示）。

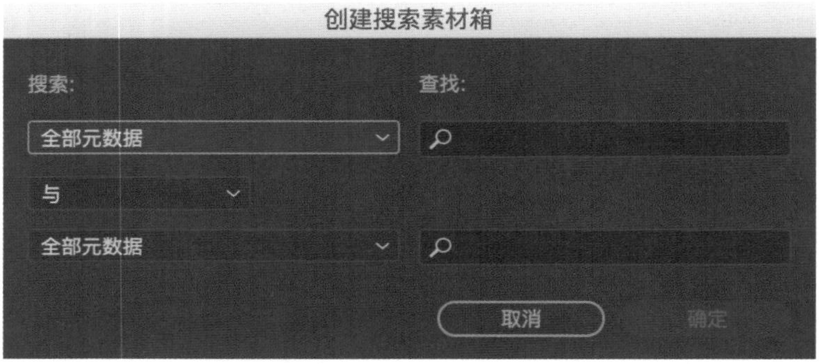

图 2-4-7　查找对话框

图 2-4-8　故事板

2.4.5　分析解释素材

分析解释素材，就是对一段素材的属性进行解释。这个功能在导入序列帧的时候比较常用。对于与项目设置不符的素材，如果想完全符合项目设置，可在素材解释中更改属性。

1．分析素材

使用菜单命令【文件】→【获取属性】→【选择】（如图 2-4-9 所示），打开素材属性面板，分析选择的素材属性，如图 2-4-10 所示。

2．解释修改素材

使用菜单命令【剪辑】→【修改】→【解释素材】（如图 2-4-11 所示），打开修改素材面板，对选择的素材进行解释修改，如图 2-4-12 所示。

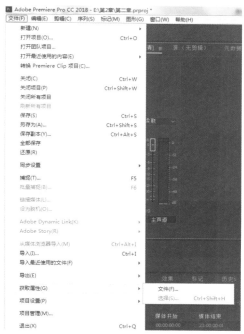

图 2-4-9　获取属性

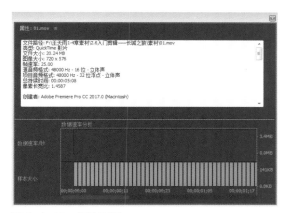

图 2-4-10　属性面板

图 2-4-11　解释素材菜单

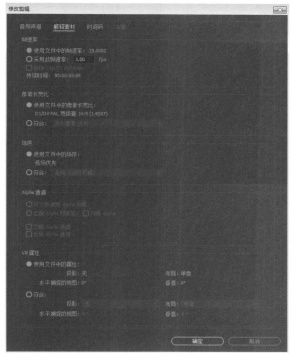

图 2-4-12　修改素材

2.5　项目打包

　　项目打包的目的是减少项目使用的存储空间，把项目所涉及的素材和项目文件整合在一个文件夹中，使项目的存档和传递高效和便利，如图 2-4-14 所示。

　　对于完成了剪辑的项目，选择菜单【文件】→【项目管理】，打开项目管理对话框，选择收集文件并存放到新的位置选项，选择合适的新的存放路径，确定进行打包，即可在选择的新路径下保存经过筛选了的素材及项目，如图 2-4-15 所示。

图 2-4-14　准备打包项目

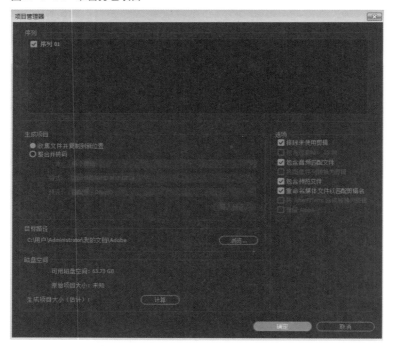

图 2-4-15　项目管理器面板

2.6 入门剪辑——"长城之旅"

本节将指导大家在 Premiere Pro CC 中制作一个简短的视频作品，大家可以通过这个作品来熟悉 Premiere Pro CC 的工作流程和基本操作，比如学习如何在时间线上放置与编辑素材、应用视频转场、创建字幕文件等。

2.6.1 设置剧本

1. 第一组画面

场景全景，使用大景别的长城空镜头，用来表示此次游览的地点，让观众有一个初步的印象。

2. 第二组画面

场景全景画面，使用带有人流的镜头，用于展示参观的人群。

3. 第三组画面

场景中景画面，以此来突出此次参观重点要表现的人物。

4. 第四组画面

小景别画面，通过镜头展现游客攀爬的细节。

5. 第五组画面

空镜头，镜头展现很多游客来来往往的画面，不突出主体人物，用于过渡到下一个场景。

6. 第六组画面

一组中近景镜头，用于展示主体人物在登顶之后的画面。

7. 第七组画面

长城的空镜头，用于结尾，表示参观的结束。

8. 添加背景音乐

配置背景音乐。

9. 添加字幕

加入"长城之旅"淡入字幕。对字幕添加模糊和渐变效果。

2.6.2 设置序列

运行 Premiere Pro CC，打开软件的欢迎界面，选择【新建项目】选项，在新建项目窗口，命名项目名称为"长城之旅"。接下来选择菜单命令"【文件】→【新建】→【序列】"，在新建序列窗口中，设置序列编辑模式为自定义，时基下拉列表选择 25 帧 / 秒，画面大小文本框分别输入"720×576"，像素纵横

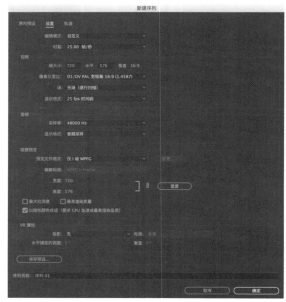

图 2-6-1 设置序列参数

比下拉列表中选择 D1/DV PAL 宽银幕 16:9
（1.4587）选项，在场序下拉列表中选择无场
（逐行扫描）选项，在显示格式下拉列表中选
择 25fps 时间码，如图 2-6-1 所示。

2.6.3 应用——"长城之旅"

1. 导入素材

（1）在项目面板中单击鼠标右键，在弹
出的菜单中选择"新建素材箱"命令（如图
2-6-2 所示），即可新建一个素材箱，效果如
图 2-6-3 所示。

（2）选中新创建的素材箱，单击鼠标右
键，即可将素材箱进行重命名，然后将其名称
更改为"长城之旅"，如图 2-6-4 所示。

（3）在"长城之旅"素材箱中双击空白
处，打开导入对话框，按 Ctrl 键，选择导入
"01 ~ 09"九个文件，如图 2-6-5 所示。

（4）使用同样的方法，导入音乐 .mp3 文
件，如图 2-6-6 所示。

2. 创建字幕

（1）执行菜单命令"【文件】→【新建】
→【旧版标题】"，打开"新建字幕"对话框，
设置字幕名称为"长城之旅"，最后单击确定
按钮，如图 2-6-7 所示。

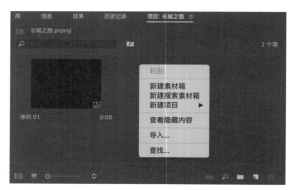

图 2-6-2 新建素材箱

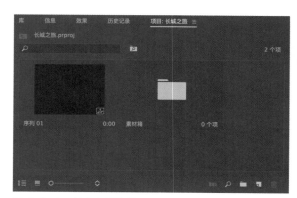

图 2-6-3 新建素材箱效果

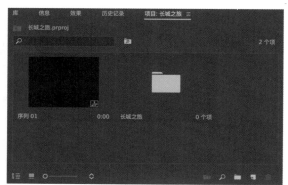

图 2-6-4 重命名素材箱

图 2-6-5　导入素材

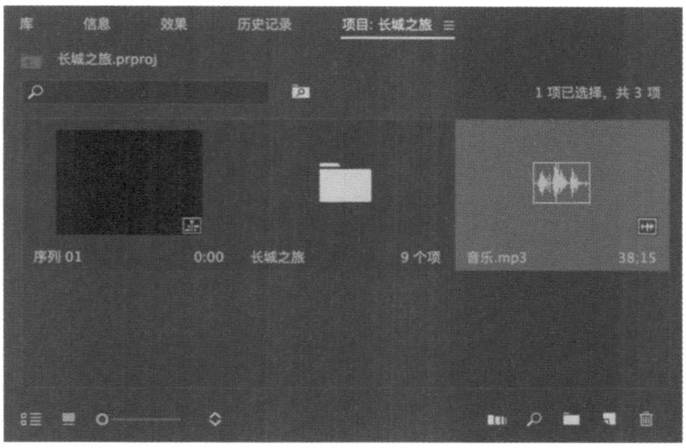

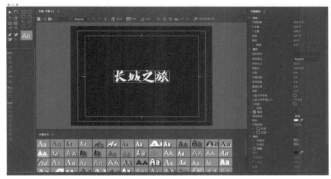

图 2-6-6　导入音频素材

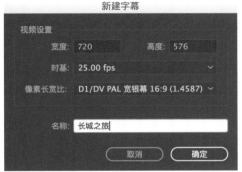

图 2-6-7　新建字幕对话框

图 2-6-8　创建字幕

图 2-6-9　预览字幕文件

图 2-6-10　将字幕添加至时间线

（2）在打开的字幕对话框中单击"输入工具"，在文字输入区单击鼠标，输入"长城之旅"，选择合适的字体，调整大小和位置，如图 2-6-8 所示。

（3）关闭字幕对话框，即可在项目面板中生成新建的字幕文件，如图 2-6-9 所示。

（4）从项目面板中把"长城之旅"字幕文件拖入视频 1 轨道，并调整时间长度，如图 2-6-10 所示。

3. 查看并添加素材

（1）在开始编辑自己的作品之前，可能需要对素材进行查看，可以通过使

图 2-6-11　在项目面板中查看素材

图 2-6-12　在源监视器面板中查看素材

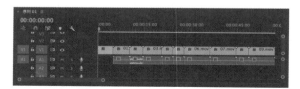

图 2-6-12　拖动素材到"时间线"面板

用项目面板的图标视图，点击想要查看的素材，单击并拖拽预览图下方的小滑块查看素材，如图 2-6-11 所示。

或者用鼠标左键双击项目中的素材，可以在"源监视器"中打开素材进行预览，如图 2-6-12 所示。

（2）按照剧本设计的顺序分别把项目面板中"长城之旅"01～09 九个文件拖入时间线面板的视频 1 轨道，如图 2-6-13 所示。

4. 编辑第一组镜头

（1）双击视频 1 轨道的 01 素材，打开素材源监视器窗口，看到 01 素材的视频影像，通过播放按钮 ，播放观看素材，可以左右拖动时间线指针 ，快速寻找需要的素材画面，也可以使用左右 步进按钮前后一帧一帧进行精确的寻找。在时码 00:01:10:15 位置，单击标记入点按钮 ，设置 01 素材的开始位置"入点"，如图 2-6-13 所示。

继续拖动时间线指针，或通过播放按钮寻找素材的结束位置"出点"，在窗口左侧时码显示 00:01:14:14 位置，单击标记出点按钮 ，设置 01 素材的结束位置"出点"，片段总时长为 4 秒钟，如图 2-6-14 所示。

图 2-6-13　设置第一个镜头的入点

图 2-6-14　设置第一个镜头的出点

5. 编辑第二组镜头

（1）双击视频 1 轨道的 02 素材，在素材源监视器窗口，看到 02 的视频影像，通过监视器面板的播放工具，寻找素材的合适画面。在时码 00:01:05:01 位置，画面展现了参观长城的人群，能够进一步明确旅游的地点，因此确定作为第二组镜头的开始。单击标记入点按钮 ，设置第二组镜头的开始位置"入点"，如图 2-6-15 所示。

图 2-6-15　设置第二组镜头的入点

（2）继续拖动时间线指针或通过播放按钮，寻找素材的结束位置"出点"，02 素材后半段镜头不稳定，需要去掉，因此在窗口左侧时码显示 00:01:08:11 位置，单击标记出点按钮 ，设置第二组镜头的结束位置"出点"，如图 2-6-16 所示。

6. 编辑第三组镜头

（1）双击视频 1 轨道的 03 素材，在素材源监视器窗口，看到 03 素材的视频影像，寻找素材的合适画面。在时码 00:01:03:18 位置，参观的主人公完全入画，将其作为第三组镜头的开始，单击标记入点按钮 ，设置第三组镜头的开始位置"入点"，如图 2-6-17 所示。

图 2-6-16　设置第二组镜头的出点

（2）拖动时间线指针或通过播放按钮，寻找素材的结束位置"出点"，在窗口时码显示 00:01:07:07 位置，画面中的主体人物即将出画，单击标记出点按钮 ，设置第三组镜头的结束位置"出点"，如图 2-6-18 所示。

7. 编辑第四组镜头

（1）双击视频 1 轨道的 04 素材，在素材源监视器窗口，看到 04 素材的视频影像。选择主要参观人物的小景别画面，一方面能够表现动作的细节，体现出爬长城的艰难；另一方面也遵循了剪辑过程中"循序渐进"的规律，

图 2-6-17　设置第三组镜头的入点

符合观众的思维方式。因此在时码 00:01:04:17 位置，将其确定为第四组镜头的开始，进一步说明旅游的过程。单击标记入点按钮 ▇，设置第四组镜头的开始位置"入点"，如图 2-6-19 所示。

（2）拖动时间线指针或通过播放按钮，寻找素材的结束位置"出点"，在窗口左侧时码显示 00:01:07:06 位置，单击标记出点按钮 ▇，设置第四组镜头的结束位置"出点"，如图 2-6-20 所示。

8. 编辑第五组镜头

（1）双击视频 1 轨道的 05 素材，在素材源监视器窗口，看到 05 素材的视频影像，在时码 00:01:01:01 位置，选择无游览主体的空镜头画面，单击标记入点按钮 ▇，设置为"入点"，如图 2-6-21 所示。

（2）拖动时间线指针或通过播放按钮，寻找素材的结束位置"出点"，在窗口时码显示 00:01:04:10 位置，单击标记出点按钮 ▇，设置第五组镜头的结束位置"出点"，如图 2-6-22 所示。

图 2-6-18　设置第三组镜头的出点

图 2-6-19　设置第四组镜头的入点

图 2-6-20　设置第四组镜头的出点

图 2-6-21　设置第五组镜头的入点

9. 编辑第六组镜头

第六组镜头中包含 06、07、08 三个镜头，通过分别查看后，发现 06 和 07 两个镜头不需要再次编辑，只需要将 08 镜头后面不稳定的画面去掉，因此我们需要双击 08 素材，在素材源监视器窗口，看到其视频影像，在时码 00:01:44:27 位置，选择镜头开始运动之前的画面，单击标记出点按钮 ，设第六组镜头的结束位置"出点"，如图 2-6-23 所示。

10. 编辑第七组镜头

（1）双击视频 1 轨道的 09 素材，在素材源监视器窗口看到其视频影像，在时码 00:01:52:17 位置，单击标记入点按钮 ，设第七组镜头的开始位置"入点"，如图 2-6-24 所示。

（2）拖动时间线指针或通过播放按钮，寻找素材的结束位置"出点"，在窗口时码显示 00:01:56:16 位置，单击标记出点按钮 ，设置第七组镜头的结束位置"出点"，如图 2-6-25 所示。

图 2-6-22　设置第五组镜头的出点

图 2-6-23　设置第六组镜头的出点

图 2-6-24　设置第七组镜头的入点

图 2-6-25　设置第七组镜头的出点

11. 整理排列时间线轨道素材

对时间线的视频 1 轨道上的素材全部设置好入出点后，视频素材在时间线上显示是断续排列的，如图 2-6-26 所示。

在时间线面板上素材的空隙中，使用鼠标右键，点击弹出的"波纹删除"命令，如图 2-6-27 所示，即可将前后两段素材对齐。按照此方法依次调整对齐时间线上的所有剪辑素材，如图 2-6-28 所示。

12. 设置音频效果

（1）将项目面板中的音乐 .mp3 文件拖动到音频 2 轨道中，如图 2-6-29 所示。

（2）选择音频素材，使用箭头工具，按住鼠标左键向左拖动，使声音素材与视频素材长度对齐，如图 2-6-30 所示。

图 2-6-26　断续排列时间线上的剪辑素材　　　　图 2-6-27　波纹删除

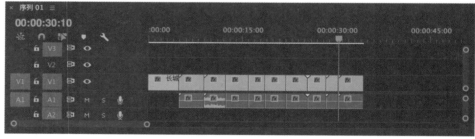

图 2-6-28　依次对齐排列时间线上的剪辑素材

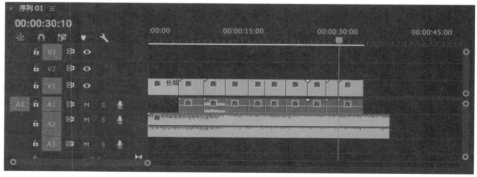

图 2-6-29　拖入音频

（3）点击"效果"面板，选择音频过渡选项下的"指数淡化"，用鼠标左键选中，拖拽到"时间线"面板中音频2轨道上素材的结尾，然后再释放鼠标。使音频产生淡出效果，如图2-6-31所示。

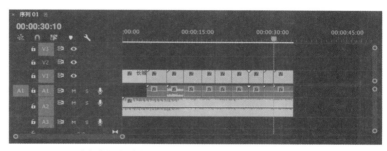

图2-6-30　对齐音视频素材

13. 添加转场效果

在编辑视频节目的过程中，使用视频转场效果能使镜头连接得更加流畅。如果要为时间线面板中两个相邻的素材添加某种视频转场效果，可以在"效果"面板中将相对应的效果拖拽到"时间线"面板两段素材中间即可。接下来我们在字幕与01素材之间添加一个转场效果。

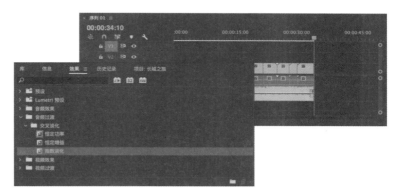

图2-6-31　音频淡出

打开"效果"面板，单击"视频过渡"文件夹前的三角形按钮，将其展开，再找到"溶解"文件夹将其展开，选中"渐隐为黑色"转场效果，如图2-6-32所示。

将"渐隐为黑色"转场效果拖拽到"时间线"面板字幕"长城之旅"和01素材中间，为其添加带有渐隐为黑色样式的转场效果，如图2-6-33所示。

图2-6-32　选择转场效果

14. 生成影视文件

生成影视文件是将编辑好的项目文件以视频的格式输

图2-6-33　添加转场特效

图 2-6-34　选择输出视频格式

图 2-6-35　检查输出视频设置

出，在输出影视文件时需要根据实际需要为其选择一种合适的视频压缩格式。而且，在输出影片之前，应先做好项目的保存工作。使用快捷键"Ctrl+S"保存好项目，并对影片的效果进行预览，确认无误后再输出。

执行菜单"【文件】→【导出】→【媒体】"命令，或者使用快捷键"Ctrl+M"组合键，打开输出对话框，在"格式"下拉菜单中选择QuickTime视频格式，如图2-6-34所示。

点击输出名称项，指定好视频输出的路径以及文件名称。最后可以浏览"摘要"部分，检查文件与自己的要求是否匹配，如果确认无误，点击下方"导出"选项，即可生成影视文件，如图 2-6-35所示。

第 3 章

组织节目素材（粗剪）

课程学习要点：

    了解和掌握影视剪辑的基本编辑方法。对于选用的素材，要去掉不需要的部分，将选择后的素材编入到影片中。我们可以通过在"源监视器"面板设置素材入点和出点的方法来剪辑所选择的素材，用拖拽、插入编辑、覆盖编辑或者三点和四点编辑来组织装配序列。

    剪辑就是根据剧本要求组织镜头，连接画面，按照"电视节目制作的标准""影视剪辑基本原则"进行剪辑。本章学习如何在"源监视器"面板选择素材，并把选择好的素材通过覆盖、插入、拖拽、三点和四点剪辑等在时间线面板组织装配序列的方法。

- 认识监视器面板
- 在"源监视器"面板中选择素材
- 认识时间线面板
- 在"时间线"面板中装配序列

3.1 在"源监视器"面板中选择素材

3.1.1 认识"监视器"面板

1. "监视器"面板概述

"监视器"面板的作用是在作品创建中进行预览，在 Premiere Pro CC 的工作界面中，我们可以看到两个"监视器"面板，分别是"源监视器"面板和"节目"监视器面板。"源监视器"面板用于播放、整理原始素材片段。"节目"监视器面板，用于在时间线上监控播放、整理、剪辑素材的过程。两个监视器的操作按钮大部分相同，如图 3-1-1 所示。

图 3-1-1 监视器窗口

单击"监视器"面板右下角的 ＋ ，打开按钮编辑器。可以将需要的按钮从【按钮编辑器】拖拽到"监视器"面板的按钮区域，也可以把不需要的按钮拖拽出按钮区域。如果选择"重置布局"，可以恢复默认状态，如图 3-1-2 所示。

选择 🔧 设置按钮，在弹出的菜单中取消【显示传送控制】勾选，可以隐藏全部按钮，如图 3-1-3 所示。

2. "监视器"面板播放控制

◇ ▶ 功能键用于播放，■ 功能键用于停止，在播放中按空格键也可停止，◀ ▶ 表示逐帧退和逐帧进。

◇按快捷键 L 及空格键都可进行播放，按快捷键 J 可以倒放，反复按下 L、J

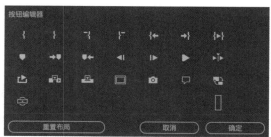

图 3-1-2 按钮编辑器

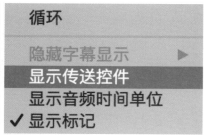

图 3-1-3 传输控件显示和隐藏命令

键可以快速播放和快速反向播放（播放倍级1-4）。

◇按K键的同时按L键或反复按快捷键"Shift+L"，可以放慢播放速度；按K键的同时按J键或反复按快捷键"Shift+J"，可以反向放慢播放速度。

◇拖动素材源监视器窗口时间标尺中的时间线编辑指针，可快速浏览素材，如图3-1-4所示。

3."监视器"面板显示控制

◇时间显示码：左侧蓝色时间码表示指针所指的当前时间，右侧白色时间码为素材片段时间（持续时间）。

◇时间标尺：时间标尺反映了时间单位，以刻度尺的形式显示素材持续时间的长度。

◇显示区域条：表示监视器时间标尺上的可视区域。通过拖拽的方式可改变显示区域条的长度和位置。

◇时间线指针 ：精确指示当前帧位置。

◇安全框：外围的方框称为"动作安全区"，是指超出该区域外的画面运动、转场有可能不会被完整地显示出来；中间小的方框称为"字幕安全区"，表示在该区域的字幕才可以正常地显示在观众的屏幕上，如图3-1-5所示。

图 3-1-4　播放控制

添加标记　标记入点　标记出点　跳转入点　逐帧退　播放停止　逐帧进　跳转出点　插入　覆盖　导出单帧

图 3-1-5　显示控制

当前时间显示　时间标尺　显示区域条　当前时间指针　字幕安全框　动作安全框　持续时间显示

3.1.2 在"源监视器"面板中剪辑素材

将采集或导入到项目中的素材，按照影片内容的需要，确定使用素材的哪一部分。首先在"源监视器"面板中浏览素材，选择该素材片段的入点和出点进行剪辑，从而确定影片编辑所需要的片段。

1. 选择素材

在"项目"面板中双击需要剪辑的素材图标，或者将需要剪辑的素材用鼠标左键直接从"项目"面板拖拽到"源监视器"面板中释放，就可以在"源监视器"面板中打开这段素材。

2. 浏览素材，设置入出点

点击"源监视器"面板中的"播放 / 停止切换"键 ▶ 按钮，浏览素材，或者拖动"源监视器"面板中时间标尺上的时间线编辑指针 ▮，快速浏览素材。

在时间线指针处设置入点位置时，"源监视器"面板会显示当前素材入点的画面，单击"设置入点" ▮ 键（或按"I"键），可以给素材设置入点；继续浏览素材，在时间线指针处设置出点位置时，"源监视器"会显示当前素材出点的画面，单击"设置出点" ▮ 键（或按"O"键），可以给素材设置出点，这时在时间标尺中入、出点之间显示为灰色，表示该素材被选用的片段。在"源监视器"面板右下方，时间码显示了素材剪辑好的片段长度。

按住 Alt 键单击入点键 ▮ 或出点键 ▮ ，可以删除入点或出点，重新进行选择。

按住 ▮◀ 或 ▶▮ 键可以将时间线指针快速跳转到入点或出点。

3.2 添加素材到"时间线"面板中

3.2.1 认识"时间线"面板

1. "时间线"面板概述

在"时间线"面板中可以打开多个序列，但必须至少有一个序列，"时间线"面板才可以存在。序列以标签的形式出现在时间线面板上，选择需要的序列标签即可打开该序列。每个序列都包含视频和音频轨道，以供导入音视频素材，如图 3-2-1 所示。

2. "时间线"面板的基本控制

◇时间标尺：位于"时间线"面板的上部，时间标尺上的时间标尺码精确地指示出了影片在时间线上的位置。

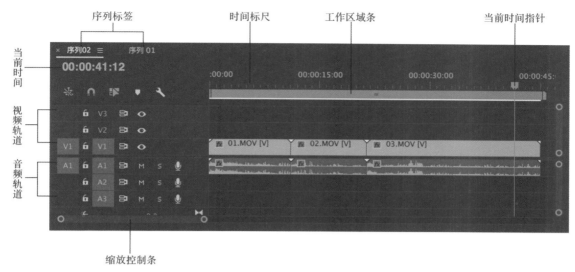

图 3-2-1　时间线面板

◇时间指针：时间指针在时间标尺上，显示为蓝色的三角指针 ，蓝色的指针延伸线纵向贯穿时间线面板。我们拖动时间指针时，指针经过位置的音频素材和视频素材会即时地在显示窗中进行播放。

◇当前时间显示：显示时间指针在时间线标尺上的准确位置。按住 Ctrl 键，点击当前时间显示，可以在帧 207 和时间码 00:00:08:07 间切换。

◇工作区域条：用于控制影片预览和输出部分，通过鼠标的操作可改变它的长短和位置。

◇缩放控制条：位于时间线标尺的下部，通过拉动放大或缩小来显示素材剪辑的细节画面，改变时间标尺的显示比例。

◇对齐：当对齐 开启时，两个素材将要接触时会有一种吸附的感觉。便于自动对齐帧，防止素材之间存在空隙。

3. 视音频轨道的基本管理

◇重命名轨道：要重命名一个音频或者视频轨道，用鼠标右键单击其名称，并在出现的菜单中选择"重命名"命令，即可为轨道重新命名。

◇添加或删除轨道：用鼠标右键单击轨道空白处，在出现的菜单中可选择添加、删除视频或音频轨道，重命名轨道，如图 3-2-2 所示。

◇切换轨道输出：激活 键，保证视频轨道素材正常显示，关闭则当前轨道内容不显示。

◇音频轨道静音与独奏：激活 键，则该音频轨道正常播放，关闭则当前音频轨道静音。激活 键，则该音频轨道处于独奏状态，其他音频轨道被静

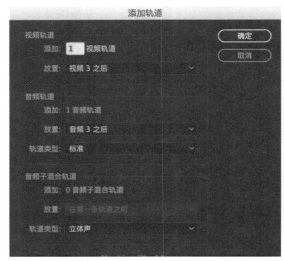
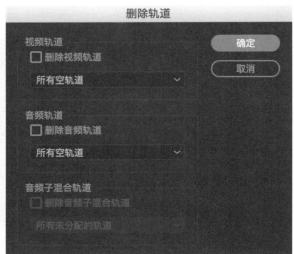

图 3-2-2　删除和添加轨道面板

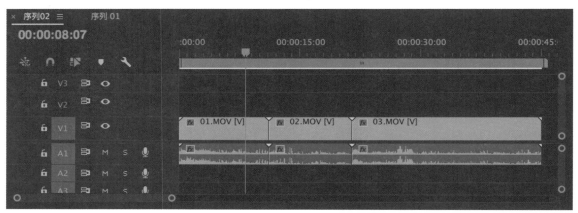

图 3-2-3　激活轨道或素材显示

图 3-2-4　启用激活命令

音，如图 3-2-3 所示。

如果仅需要关闭轨道上的某段素材，可右击素材，在弹出的菜单中取消素材的启动选项，素材变为灰色，不能显示或播放声音，如图 3-2-4 所示。

◇轨道锁定开关：激活 🔒 键，出现锁定图标，当前轨道内容被锁定。轨道的所有素材出现斜纹，不能进行任何操作，再次单击可解锁，如图 3-2-5 所示。

◇切换同步锁定：激活 🎞 键，出现同步锁定图标，当前轨道同步锁定。在进行插入或波纹剪辑时，打开同步锁定，可以保证轨道内容同步调整，取消同步锁定该轨道素材不会受到影响。

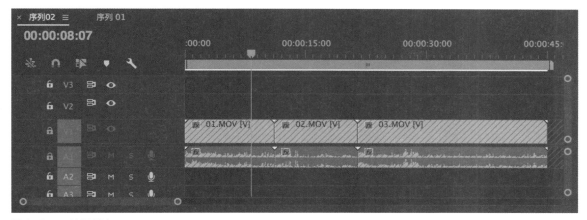

图 3-2-5　轨道锁定

◇设置轨道展开与折叠：点击"时间线"面板中的设置 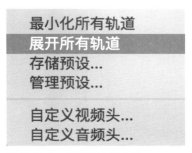 键，在弹出的菜单中选择"展开所有轨道"或者"最小化所有轨道"即可对其进行相应的操作，如图 3-2-6 所示。或者通过拖拽轨道右侧的滑块，对单一的轨道进行放大或缩小操作，如图 3-2-7 所示。

图 3-2-6　展开与折叠轨道

◇设置显示方式：点击"时间线"面板中序列名称右侧的菜单选项，弹出下拉列表，可以选择列表中的任意显示风格，如图 3-2-8 至 3-2-10 所示。但是要注意以画面方式显示。这一显示方式，虽然便于在时间线上更直观地寻找素材信息，但会消耗更多的计算机资源，影响计算机运行速度。

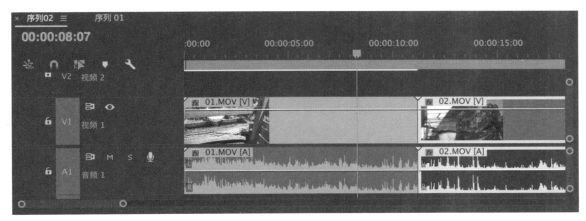

图 3-2-7　调整单一轨道大小

图 3-2-8　显示视频头和尾缩览图

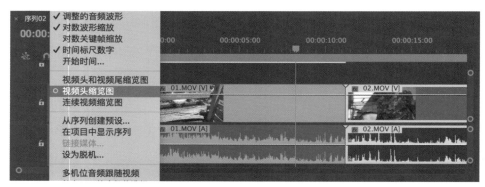

图 3-2-9　显示视频头缩览图

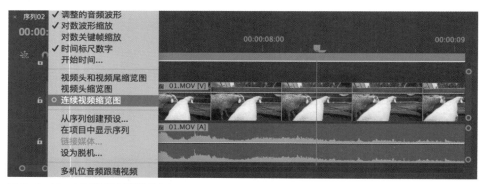

图 3-2-10　显示连续视频缩览图

3.2.2　在"时间线"面板中导入素材的方法

1. 手动拖拽添加素材片段

◇从"源监视器"面板手动拖拽添加素材到"时间线"面板

在"源监视器"面板的画面中，点击鼠标左键不放，向下拖动，穿过"监视器"面板到"时间线"面板，释放鼠标，可把选择的素材添加到时间线指定的位置上。手动拖拽是一种随意、方便、快捷的添加素材的方法。

◇从"项目"面板手动拖拽添加素材到"时间线"面板

在"项目"面板中选择素材，点击鼠标左键不放，向"时间线"面板拖动，穿过"项目"面板，拖到"时间线"面板上，释放鼠标，可把选择的素材添加到时间线指定的位置上。从"项目"面板添加素材到时间线面板的方法的前提是熟悉素材的视频画面内容。

◇借助"Ctrl"键拖拽，以插入编辑方式添加素材；借助"Ctrl+Alt"组合键可实现指定轨道插入，不影响其他轨道。

2. 插入编辑和覆盖编辑

插入编辑和覆盖编辑是将素材组织到"时间线"面板的两种剪辑方法。从"源监视器"面板选择好素材，把时间线指针指定好放入轨道的位置后，单击监视器窗口"插入" 键，即可完成插入编辑。插入编辑是将素材（如图3-2-11所示）插入到序列中指定轨道的某一位置，新插入的素材片段以时间编辑线为准，将原有素材（如图3-2-12所示）分开，左侧的原有素材保持原

图 3-2-11　准备用于添加的素材

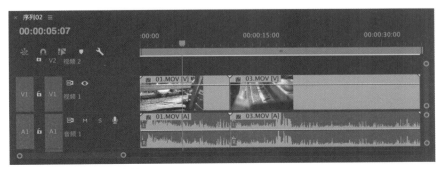

图 3-2-12　被剪辑的素材

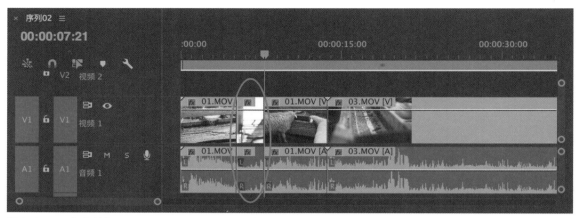

图 3-2-13　插入编辑

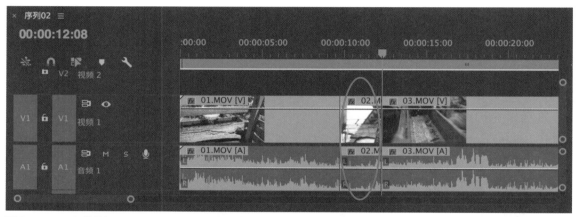

图 3-2-14　覆盖编辑

位置不变，时间线右侧的原有素材被移动到插入素材出点之后。如图 3-2-13 所示。

　　单击监视器面板"覆盖" 键，即可完成覆盖编辑。覆盖编辑是将素材叠加到序列中指定轨道的某一位置，替换掉原来的素材片段，如图 3-2-14 所示。

　　3．三点编辑

　　影片的编辑还可以采用三点编辑的方法对素材进行组接，即在"源监视器"面板和"时间线"面板之间，确定三个入、出点（素材片段的入点、出点以及素材安放的起始点）来剪切、组接素材。三点编辑或四点编辑是传统剪辑的基本技巧，"三点"和"四点"指入点和出点的个数。

　　使用"源监视器"面板和"节目监视器"面板中的设置入点和设置出点按钮，快捷键为"I""O"，根据素材内容为素材和序列设置三个入出点，如图 3-2-15 所示。

图 3-2-15　设置三点

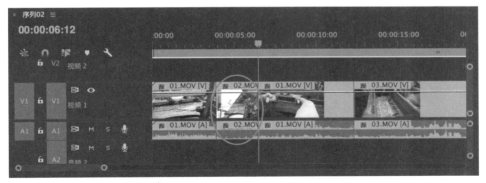

图 3-2-16　完成三点编辑

　　使用插入按钮或叠加按钮，快捷键为"，"或"。"，将设置好剪辑点的素材以插入或覆盖的剪辑方式添加到序列的指定轨道上，完成三点剪辑，如图3-2-16所示。

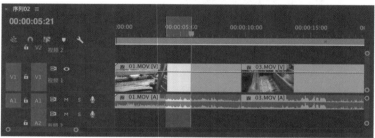

图 3-2-17　设置入出点四点

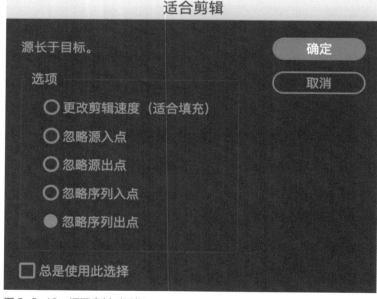

图 3-2-18　适配素材对话框

4. 四点编辑

四点编辑是指在"源监视器"面板确定了素材的入点、出点的同时，还在"时间线"面板设置将要添加的素材的入点、出点，共有四个点，来剪切、组接素材，如图 3-2-17 所示。

然后将该素材片段放入"时间线"面板指定的位置，如果素材片段的长度与时间线设置的入点、出点长度不一致，会弹出"适合剪辑"对话框，我们可选择多种适配方法来编辑（安排）此素材。在弹出的"适合剪辑"对话框中，显示"源长（短）于目标"提示，并有五个选项供我们选择，分别是更改剪辑速度（适合填充）、忽略源入点（修整左侧头部）、忽略源出点（修整右侧尾部）、忽略序列入点以及忽略序列出点，如图 3-2-18 所示。

我们只需点击某个选项，按下"确定"按钮，关闭对话框，新的素材片段将按要求置入到序列指定的位置中，四点达到匹配，如图 3-2-19 所示。

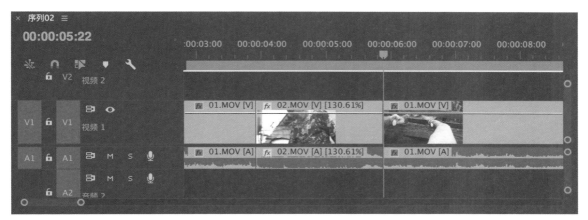

图 3-2-19　适配素材对话框

3.2.3　向序列中自动添加素材

这是一种自动向时间线添加素材的方法，适于大量同类素材（图片）的添加。在"项目"面板选择多个素材，单击"项目"面板下端的"序列自动化" 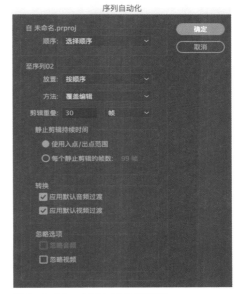 键，弹出"序列自动化"对话框，根据需要可以设置素材片段的排列顺序、添加方式和转场等，如图 3-2-20 所示。

在确定后，全部素材按要求自动顺序排列到序列中，如图 3-2-21 所示。

图 3-2-20　序列自动化对话框

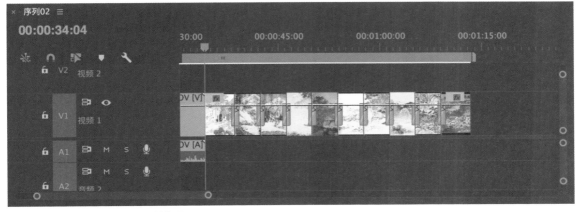

图 3-2-21　图片素材自动顺序排列

3.3 综合练习

学习了前面的知识后，通过制作节目，达到对剪辑知识的真正掌握。

3.3.1 练习一："回家"

1. 设置节目

（1）运行 Premiere Pro CC，选择新建立项目选项，在新建项目窗口，命名项目名称为"回家"。

（2）在接下来的新建序列窗口中，设置序列编辑模式为自定义，时基下拉列表选择 25 帧 / 秒，设置帧大小为 720×576，像素纵横比下拉列表中选择 D1/DV PAL 宽银幕 16:9（1.4587）选项，在场序下拉列表中选择无场（逐行扫描）选项，在显示格式下拉列表中选择 25fps 时间码，在音频采样速率下拉列表中选择 48000Hz 选项，如图 3-3-1 所示。

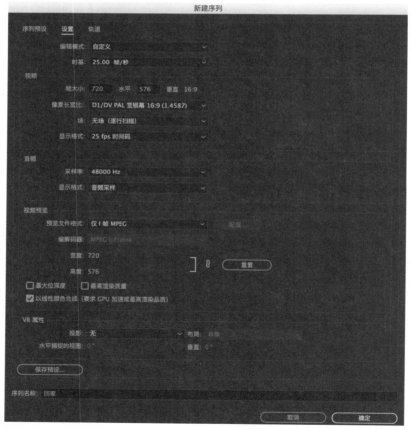

图 3-3-1 序列设置

2．导入素材

（1）双击项目面板空白处，打开导入对话框，选择导入"回家 01~09"和"回家配音"10 个文件，单击打开按钮，导入素材，如图 3-3-2 所示。

（2）分别单击项目面板中的素材，在"源监视器"面板中观看素材内容画面。

3．在"源监视器"面板中挑选素材片段

对于原始素材往往要去掉不需要的部分，将有用的部分编入到影片中。可通过设置素材新的入点和出点的方法来剪裁素材，留下有用的素材。

图 3-3-2　导入素材的项目面板

图 3-3-3　01 素材入点画面

图 3-3-4　01 素材出点画面

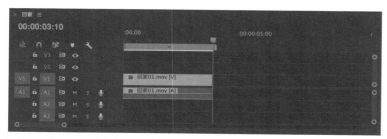

图 3-3-5　导入回家 01 剪辑片段

第一组镜头

（1）双击"项目"面板中的回家 01，在"源监视器"面板中观看这段素材。拖动时间线指针或通过播放按钮，寻找素材的开始位置"入点"。在时码 00:03:17:02 位置，将父子俩在田间的画面，确定作为第 1 组镜头的开始。单击标记入点按钮 【 ，设置 01 素材的开始位置"入点"，如图 3-3-3 所示。

（2）拖动时间线指针或通过播放按钮，寻找素材的结束位置"出点"，在窗口时码显示 00:03:20:12 位置，画面为父亲抬头张望，单击标记出点按钮 】 ，设置 01 素材的结束位置"出点"，如图 3-3-4 所示。

（3）导入剪辑后的素材到时间线轨道中。在"时间线"面板中，用鼠标单击视频 1 轨道，激活轨道，鼠标指针在 0 帧位置。用鼠标单击"源监视器"面板下部的插入 或覆盖 按钮，把在监视器面板剪辑好的素材导入到当前时间线轨道上，素材会在时间指针处排列，如图 3-3-5 所示。

第二组镜头

（1）双击"项目"面板中的回家 02，在"源监视器"

面板中观看这段素材。寻找素材的第二个镜头画面。设置"入点"在时码 00:03:31:19 位置，父亲抬着头的画面，将其作为第 2 个镜头的开始。单击标记入点按钮 ，设置其开始位置"入点"，如图 3-3-6 所示。

图 3-3-6　02 素材入点画面

（2）寻找素材的结束位置"出点"，在窗口时码显示 00:03:37:13 位置，单击标记出点按钮 ，设置 02 素材的结束位置"出点"，如图 3-3-7 所示。

（3）激活视频轨道 1，鼠标指针在第一个画面的尾部。用鼠标单击"源监视器"面板下部的插入 或覆盖 按钮，把在监视器面板剪辑好的素材导入到当前时间线轨道上，素材会在时间指针处自动排列，如图 3-3-8 所示。

第三组镜头

（1）双击"项目"面板中的回家 03，在"源监视器"面板中观看这段素材。这是雨水滴落在地上的一个小景别画面。拖动时间线指针到素材的开始位置设置，画面"入点"。在时码 00:03:43:00 位置，将其作为开始画面，单击标记入点按钮 ，设置 03 素材的开始位置"入点"，

图 3-3-7　02 素材出点画面

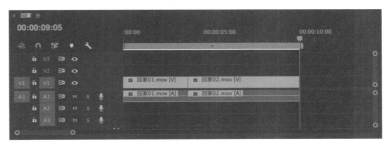

图 3-3-8　导入回家 02 的剪辑片段

图 3-3-9　03 素材入点画面

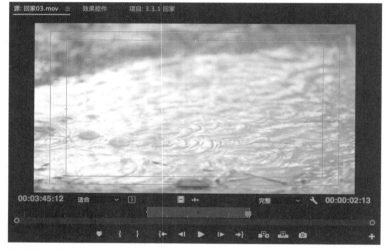

图 3-3-10　03 素材出点画面

如图 3-3-9 所示。

（2）拖动时间线指针或通过播放按钮，寻找素材的结束位置"出点"，在窗口时码显示 00:03:45:12 位置，单击标记出点按钮 ，设置素材的结束位置"出点"，如图 3-3-10 所示。

（3）激活视频轨道 1，鼠标指针在第二个画面的尾部。用鼠标单击"源监视器"面板的插入 或覆盖 按钮，把素材导入到当前时间线轨道上，素材会在时间指针处自动排列，如图 3-3-11 所示。

第四组镜头

（1）双击"项目"面板中的回家 04，在"源监视器"面板中观看这段素材。设置"入点"在时码 00:03:49:01 位置，这是镜头稳定之后的画面，将其定作为回家 04 镜头的开始。单击标记入点按

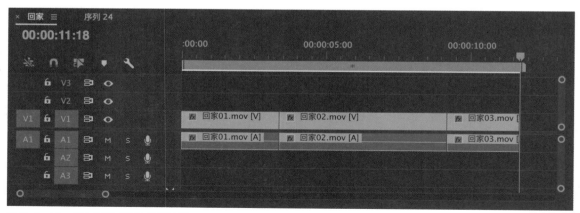

图 3-3-11　导入回家 03 的剪辑片段

钮 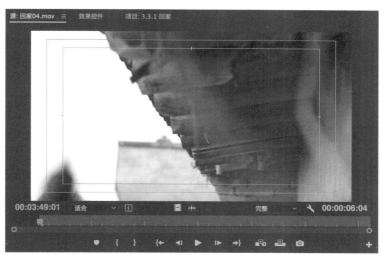，设置其开始位置"入
点"，如图 3-3-12 所示。

（2）寻找素材的结束位
置"出点"，在窗口时码显示
00:03:51:20 位置，单击标记
出点按钮 ，设置回家 04
镜头的结束位置"出点"，如
图 3-3-13 所示。

（3）用鼠标单击源监视器
窗口下部的插入按钮 ，把
在监视器面板中剪辑好的素材
导入到当前时间线轨道上，素
材会在时间指针处顺序排列，
如图 3-3-14 所示。

第五组镜头

（1）双击"项目"面板
中的回家 05，在"源监视器"
面板中观看这段素材。这是父
子俩回家路上的脚部特写画
面，可以用来表示回家的仓
促。拖动时间线指针到素材的
开始位置，设置画面"入点"。
在时码 00:03:55:18 位置，单

图 3-3-12　04 素材入点画面

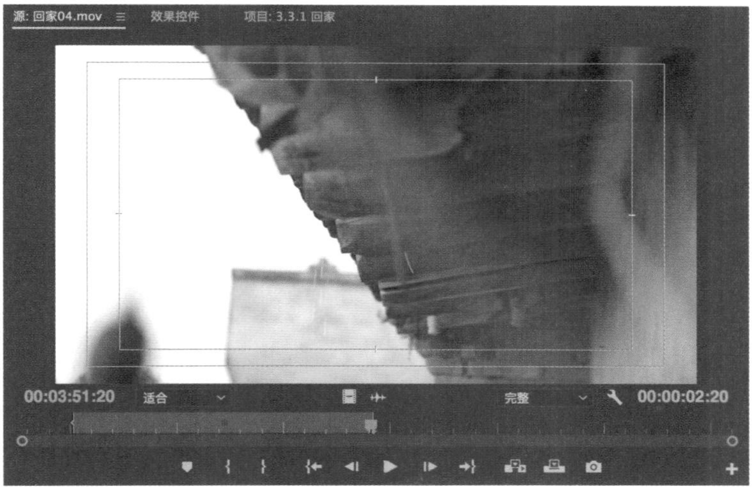

图 3-3-13　04 素材出点画面

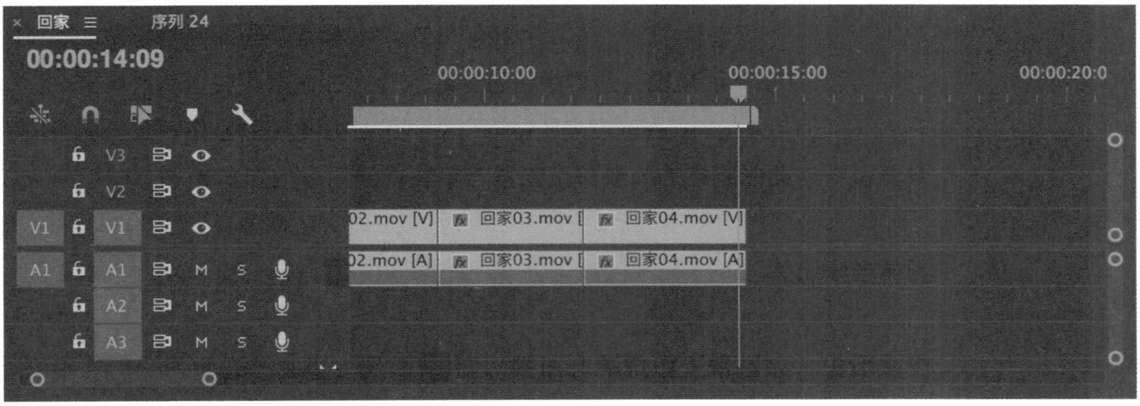

图 3-3-14　导入回家 04 剪辑片段

图 3-3-15　05 素材的入点画面

图 3-3-16　05 素材的出点画面

击标记入点按钮 ，设置回家 05 镜头的开始位置"入点"，如图 3-3-15 所示。

（2）拖动时间线指针或通过播放按钮，寻找素材的结束位置"出点"，在窗口时码显示 00:03:58:13 位置，单击标记出点按钮 ，设置其结束位置"出点"，如图 3-3-16 所示。

（3）激活视频轨道 1，鼠标指针在所有画面的尾部。用鼠标单击"源监视器"面板下部的插入 或覆盖 按钮，把素材导入到当前时间线轨道上，素材会在时间指针处自动排列，如图 3-3-17 所示。

第六组镜头

（1）双击"项目"面板中的回家 06，在"源监视器"面板中观看这段素材。这个镜头是体现父子二人的中近景画面，能够通过面部表情体现

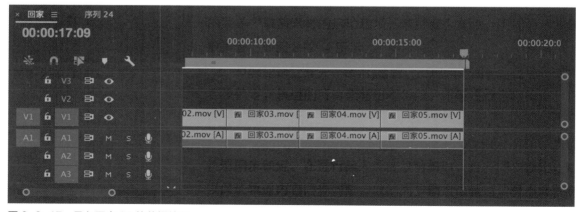

图 3-3-17　导入回家 05 的剪辑片段

出着急回家的心情。设置"入点"在时码 00:04:04:19 位置，单击标记入点按钮 ，设置其开始位置"入点"，如图 3-3-18 所示。

（2）寻找素材的结束位置"出点"，在窗口时码显示 00:04:07:19 位置，单击标记出点按钮 ，设置其结束位置"出点"，如图 3-3-19 所示。

（3）用鼠标单击"源监视器"面板中的插入按钮 ，把在监视器面板中剪辑好的素材导入到当前时间线轨道上，素材会在时间指针处顺序排列，如图 3-3-20 所示。

第七组镜头

（1）双击"项目"面板中的回家 07，在"源监视器"面板中观看这段素材。这是体现父子俩回家的全景画面。在此处，我们选择以空镜头的方

图 3-3-18 06 素材的入点画面

图 3-3-19 06 素材的出点画面

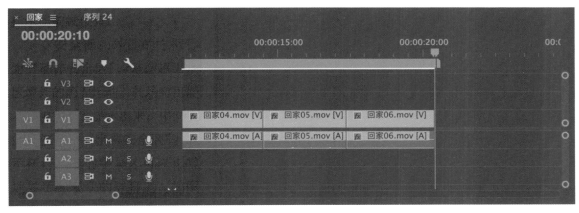

图 3-3-20 导入回家 06 的剪辑片段

图 3-3-21　07 素材的入点画面

图 3-3-22　07 素材的出点画面

式来进行转场，因此需要将素材的开始画面设置在父子俩入画之前的位置。拖动时间线指针，找到男孩入画前的画面，在时码 00:04:11:10 位置，单击标记入点按钮 ，确定其开始位置"入点"，如图 3-3-21 所示。

（2）拖动时间线指针或通过播放按钮，寻找素材的结束位置"出点"。找到男孩已经完成入门动作，父亲即将踏入房间的画面，即在时码 00:04:16:09 位置，单击标记出点按钮 ，设置 07 素材的结束位置"出点"，如图 3-3-22 所示。

（3）用鼠标单击"源监视器"面板中的插入 或覆盖 按钮，把素材导入到当前时间线轨道上，素材会在时间指针处自动排列，如图 3-3-23 所示。

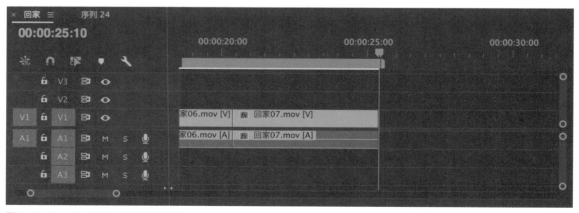

图 3-3-23　导入回家 07 的剪辑片段

第八组镜头

（1）双击"项目"面板中的回家 08，在"源监视器"面板中观看这段素材。找到儿子已经完成进门动作，父亲即将踏入门槛的画面，即在时码 00:04:22:15 位置，将其作为 08 素材的开始。单击标记入点按钮 ，设置其开始位置"入点"，如图 3-3-24 所示。

图 3-3-24　回家 08 的入点画面

（2）寻找素材的结束位置"出点"，在时码 00:04:26:12 位置，单击标记出点按钮 ，设置其结束位置"出点"，如图 3-3-25 所示。

（3）用鼠标单击"源监视器"面板中的插入按钮 ，把在监视器窗口剪辑好的素材导入到当前时间线轨道上，素材会在时间指针处顺序排列，如图 3-3-26 所示。

图 3-3-25　回家 08 的出点画面

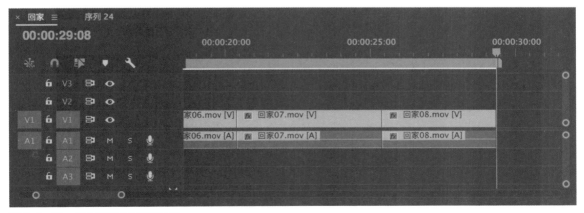

图 3-3-26　导入回家 08 剪辑片段

图 3-3-27　09 素材的入点画面

图 3-3-28　09 素材的出点画面

第九组镜头

（1）双击"项目"面板中的回家 09，在"源监视器"面板中观看这段素材。在时码 00:04:27:22 位置，单击标记入点按钮，设置其开始位置"入点"，如图 3-3-27 所示。

（2）拖动时间线指针，在时码 00:04:29:24 位置，单击标记出点按钮，设置素材的结束位置"出点"，如图 3-3-28 所示。

（3）单击"源监视器"面板中的插入按钮，把在监视器窗口剪辑好的素材导入到当前时间线轨道上，素材会在时间指针处顺序排列，如图 3-3-29 所示。

4. 添加配音

使用选择工具，从"项目"面板把"回家配音"音频素材拖入时间线面板音频 1 轨道中，如图 3-3-30 所示。

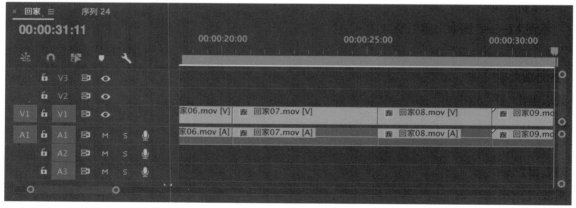

图 3-3-29　导入回家 09 剪辑片段

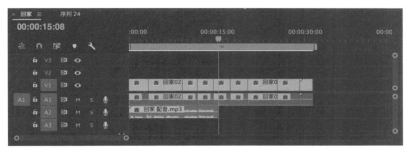

图 3-3-30　导入音频文件

3.3.2　练习二："收拾行囊"

1. 设置节目

（1）运行 Premiere Pro CC，选择新建项目选项，在新建项目窗口，命名项目名称为"收拾行囊"。

（2）打开新建序列窗口，将序列预设为 DV PAL，选择宽屏 48KHz 选项。图 3-3-31 所示。

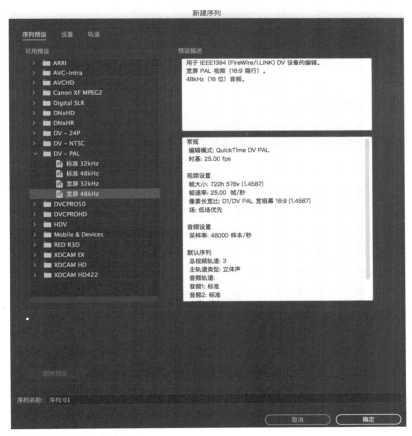

图 3-3-31　建立有效预设

2. 导入素材

双击"项目"面板空白处，打开导入对话框，选择导入"收拾行囊"文件，单击打开按钮，导入素材。

3. 挑选素材

（1）双击"项目"面板中的视频素材，在"源监视器"面板中观看这段素材。这是妈妈在收拾行李与孩子在看电视的画面。拖动时间线指针或通过播放按钮，寻找素材的开始位置，设置画面"入点"。在时码 00:02:33:10 位置，将其作为第 1 个镜头的开始。单击标记入点按钮 ，设置第一组画面的开始位置"入点"，如图 3-3-32 所示。

图 3-3-32　要保留的画面

（2）拖动时间线指针或通过播放按钮，寻找素材的结束位置"出点"，在窗口时码显示 00:02:49:13 位置，小男孩看电视画面的前一帧画面，单击标记出点按钮 ，设置第一组镜头的结束位置"出点"，如图 3-3-33 所示。

（3）用鼠标单击视频 1 轨道，激活轨道，鼠标指针在 0 帧位置。用鼠标单击"源监视器"面板下部的插入按钮 ，把在监视器窗口剪辑好的素材导入到当前时间线轨道上。

图 3-3-33　要去除的画面

（4）寻找素材的第2个镜头画面。在小男孩画面结束后，又是妈妈收拾衣服的画面。设置"入点"在时码00:02:51:21位置，将其作为第2组镜头的开始。单击标记入点按钮 ，设置其开始位置"入点"。

（5）寻找素材的结束位置"出点"。在时码00:02:55:23位置，单击标记出点按钮 ，设置第2组镜头的结束位置"出点"。

（6）用鼠标单击"源监视器"面板下部的插入按钮 ，把在监视器窗口剪辑好的素材导入到当前时间线轨道上。

（7）拖动时间线指针，划过小男孩画面，寻找妈妈叠衣服的画面。在时码00:02:58:10位置，将其作为第3组镜头的开始。单击标记入点按钮 ，设置其开始位置"入点"。

（8）寻找素材的结束位置"出点"。在时码00:03:01:07位置，单击标记出点按钮 ，设置其结束位置"出点"。

（9）鼠标单击"源监视器"面板下部的插入按钮 ，把在监视器窗口剪辑好的素材导入到当前时间线轨道上。

（10）拖动时间线指针，寻找下一组妈妈叠衣服的画面。在时码00:03:04:10位置，将其作为第4组镜头的开始。单击标记入点按钮 ，设置其开始位置"入点"。

（11）寻找素材的结束位置"出点"。在时码00:03:09:14位置，单击标记出点按钮 ，设置其结束位置"出点"。

（12）用鼠标单击"源监视器"面板下部的插入按钮 ，把在监视器窗口剪辑好的素材导入到当前时间线轨道上。

（13）最终效果如图3-3-34所示。

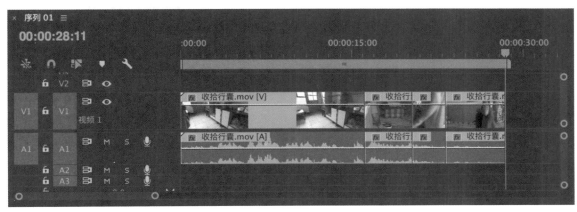

图3-3-34　在时间线轨道上去除小男孩画面后的排列

-------------- 第 4 章
------------ 整理节目素材（精剪）

课程学习要点

　　了解和掌握在时间线上剪辑的技巧和整理素材的方法。对于组织好的序列，需要进行细致的调整，或根据蒙太奇概念打破格局重新安排，调整长短顺序，完成精剪。"时间线"面板是进行剪辑的场所，在这里排列显示着要剪辑的任何形式的素材片段，使用时间线工具箱中的剪辑工具可以完成精确的剪切和调整；使用菜单或面板上的按钮命令，可对序列中的素材进行整理、整合，便于剪辑。

　　•剪辑工具的使用

　　•素材的整理方法

4.1　剪辑工具的使用

4.1.1　选择编辑工具（箭头工具）

1. 选择素材片段

对轨道上素材的操作要先选定素材，▶是默认的选择工具。在▶状态下用鼠标点击素材，即可选择素材；配合 Shift 键可选择多个素材目标；对音视频素材，按住"Alt"键，可单独选择音频或视频。在时间线窗口轨道上拖出矩形选框，可框选多个素材，如图 4-1-1 所示。

2. 编辑素材片段

将鼠标放在素材之间，按住，可以移动素材到指定位置，如图 4-1-2 所示。

将"选择工具"光标放在序列中要缩短或延长的某个素材片段的左边缘或

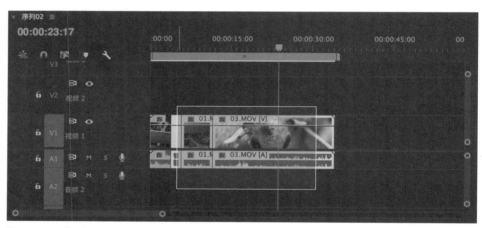

图 4-1-1　框选

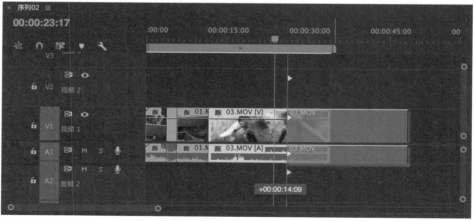

图 4-1-2　选择移动工具

右边缘上，光标变成带左右箭头的红色中括号 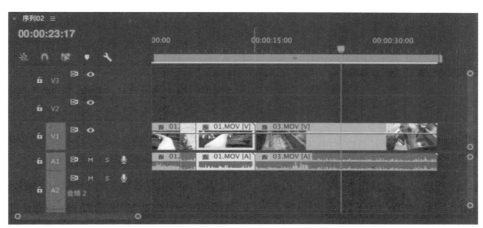，按住鼠标左键，并水平拖动鼠标，以缩短或增加该素材的长度（素材片段的入点、出点是原始素材的入点、出点时则不能增加其长度）。

当拖动鼠标时，素材被调节的入点或出点画面显示在节目监视器窗口中，素材的开始或结束的时间码地址也同时显示在画面中。当出现所需要的入点或出点画面时，释放鼠标左键。序列中的该素材被重新设置了新的入点或出点，改变了该素材原有的长度，如图 4-1-3 所示。

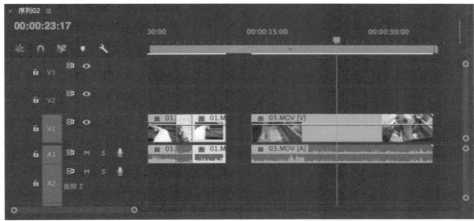

图 4-1-3　剪辑

4.1.2　轨道选择工具

在"工具"面板中有两个轨道选择工具，分别是向前选择轨道工具 和向后选择轨道工具 ，它们可以对目标素材之前或之后的所有镜头进行整体移动，如图 4-1-4 所示。

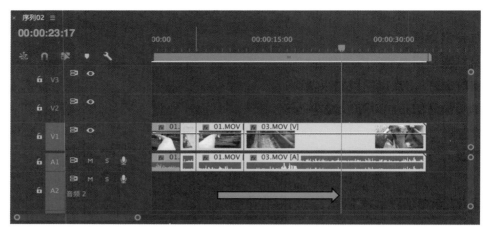

图 4-1-4　轨道选择工具

4.1.3　素材片段的分割

如果要剪短影片素材，要使用剃刀工具 ，点击素材片段要分割的位置点，即可剪断该素材。配合 Shift 键可以剪断在时间点上的全部轨道的素材；配合 Alt 键可以忽略链接而单独裁剪视频或音频，免去解开链接的步骤。剃刀工具的快捷键是 Ctrl+K（激活轨道）和 Ctrl+Alt+K（全部轨道），如图 4-1-5 所示。

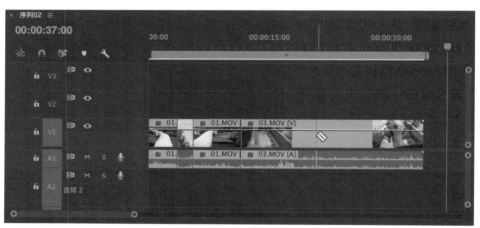

图 4-1-5　剃刀工具

4.1.4　波纹剪辑工具

波纹剪辑工具可以改变序列中某个素材片段的长度，而不影响轨道其他素材的长度，相邻素材会自动适应移动，吸附在该素材的左右，不需要再单独移动。

1. 波纹剪辑工具的使用

在"工具"面板中选择"波纹剪辑工具"，然后将光标放在相邻两个素材的连接处，光标变成带左右箭头的黄色中括号式指向箭头，按住鼠标左键并水平拖动，改变其中一个素材的入点（或者改变其相邻素材的出点），以调节这个素材的长度（该素材片段的入点、出点是原始素材的入点、出点时则不能增加其长度）。在"节目监视器"面板中显示相邻两个素材帧的变化画面（被改变的素材画面变化，其相邻素材画面不变）。当看到被改变素材所需要的画面时，释放鼠标左键。序列中的该素材被重新设置了新的入点或出点，改变了该素材原有的长度。序列中其他素材保持原有长度，但仍然吸附在该素材左右，如图4-1-6所示。

2. 波纹剪辑工具的动画演示

咖啡色条和绿色条分别表示两段不同的剪辑素材，色条上排列的数字表示素材上的内容。"波纹动画"清晰明了地演示了波纹剪辑的原理和过程，如图4-1-7所示。

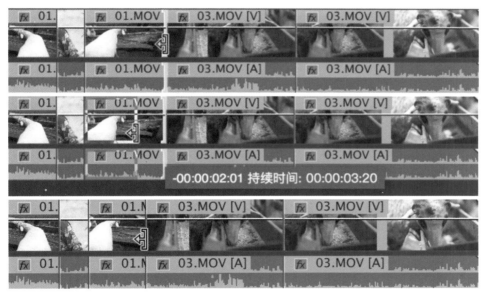

图4-1-6　波纹剪辑工具

图4-1-7　波纹剪辑工具动画图示

4.1.5　滚动剪辑工具

相邻素材的互动剪辑：同时调整相邻素材片段的出点、入点，适合精细调整剪切点。滚动编辑工具可以调节序列中相邻两个素材的编辑点，使其中一段素材变长，另一段素材相应缩短，以保持素材的总长度不变。动作类似于太极里的推手互动。

1. 滚动剪辑工具的使用

在"工具"面板中选择"滚动剪辑工具"，把滚动剪辑工具光标放在序列中两个素材的连接处，光标变成![icon]图标样式，按住鼠标左键并水平来回拖动，以调节相邻两个素材的剪辑点。在"节目监视器"面板中显示相邻两素材连接的两个单帧画面在变化，左侧画面为鼠标左侧素材片段出点的画面，右侧画面为鼠标右侧素材片段入点的画面。在"节目监视器"面板左下方的时间码则显示剪辑点被改变的帧数（正值表示剪辑点向左移动，负值表示剪辑点向右移动），当看到被改变素材所需要的画面时，释放鼠标左键。序列中其他素材保持原样不变，相邻两素材总长度不变，仅改变了它们相连的剪辑点位置，即一个素材的出点增加（或减少）了帧数，而另一个素材的入点减少（或增加）了相应的帧数，如图 4-1-8 所示。

2. 滚动剪辑工具的动画演示

咖啡色条和绿色条分别表示两段不同的剪辑素材，色条上排列的数字表示素材上的内容。"滚动动画"清晰明了地演示了滚动剪辑的原理和过程，如图 4-1-9 所示。

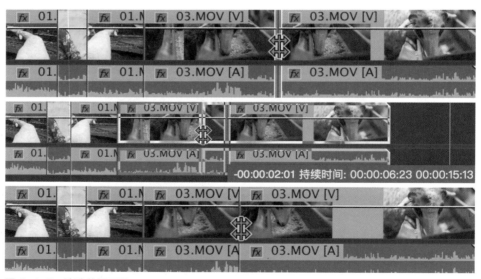

图 4-1-8　滚动剪辑工具

图 4-1-9　滚动剪辑工具动画图示

4.1.6　内滑工具

素材位置挪动调整：用于三段以上素材的剪辑，它是在保持某一素材片段的入点与出点不变、长度不变的情况下，改变该素材片段在时间线序列中的位置的剪辑方法。它会影响与其相邻两个素材片段的入点或出点，以及该素材片段相邻的前后素材的长度，但剪辑素材和相邻素材的总长度不变，即影片总长度不变。

1. 内滑工具的使用

在"工具"面板中选择内滑工具 ![icon]，在序列中需要剪辑的素材片段上，按住鼠标左键，并水平拖动，该素材片段在序列中的位置发生变化，但其入点与出点不会改变。在"节目监视器"面板中会显示变化的过程：左侧较大画面为该素材片段左边相邻素材片段的出点画面，右侧较大画面为该素材片段右边相邻素材片段的入点画面，上方两个较小画面分别为该素材片段的入点、出点画面。在鼠标右下方会显示该素材片段改变的时间码帧数（正值表示左边相邻素材片段的出点与右边相邻素材片段的入点同时向后面改变的时间，负值表示左边相邻素材片段的出点与右边相邻素材片段的入点同时向前面改变的时间）。到达理想的画面时，释放鼠标左键，该素材片段被水平移动到新的位置，只影响左右相邻素材片段出点、入点的改变，而不影响影片其他的素材片段，整个影片长度保持不变，如图4-1-10所示。

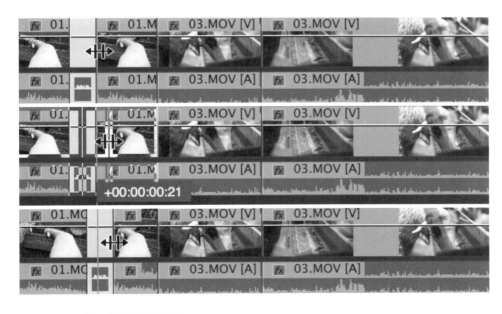

图 4-1-10
内滑剪辑工具

2. 内滑工具的动画演示

咖啡色条、绿色条和粉色条分别表示三段不同的剪辑素材，色条上排列的数字表示素材上的内容。该动画清晰明了地演示了内滑工具的原理和过程，如

图 4-1-11
内滑工具动画图示

图 4-1-11 所示。

4.1.7 外滑工具

素材内容调整：外滑工具用于三段以上素材的剪辑，它可以同时改变某一个素材片段的入点和出点，但不改变其在轨道中的位置，保持该素材入点和出点之间的长度不变，且不影响序列中其他素材的长度。它具有非常实用的功能，相当于重新定义素材的出点入点。

1. 外滑工具的使用

在"工具"面板中选择外滑剪辑工具 ，在序列中需要剪辑的素材片段上，按住鼠标左键水平拖动，该素材的入点和出点以相同帧数改变，在"节目监视器"面板中会同时显示该素材入点和出点画面变化的过程：左侧较大画面为该素材入点的画面，右侧较大画面为该素材出点的画面，左侧上方小画面为该素材左边相邻素材片段的出点画面，右侧上方小画面为该素材右边相邻素材片段的入点画面。在"节目监视器"面板左下方的时间码和鼠标下方都会显示该素材入点、出点被改变的时间码帧数（正值表示该素材片段向右移动的帧数，负值表示该素材片段向左移动的帧数）。在达到理想的画面时，释放鼠标左键，该素材新的入点和出点便被确定，其长度不变，且不影响相邻素材片段和整个影片长度，如图 4-1-12 所示。

2. 外滑工具的动画演示

咖啡色条、绿色条和粉色条分别表示三段不同的剪辑素材，色条上排列的数字表示素材上的内容。该动画清晰明了地演示了外滑工具的原理和过程，如图 4-1-13 所示。

图 4-1-12
外滑工具

图 4-1-13
外滑工具动画图示

4.1.8　比率拉伸工具

比率拉伸工具：主要用于调节改变素材的长度，但不改变素材入点、出点间的画面内容，而是改变素材的播放速率。在需要用素材撑满不等长的空隙时，要调节速率百分比是非常困难的，运用这个工具就变得方便了，直接拖拽改变长度即可，如图 4-1-14 所示。

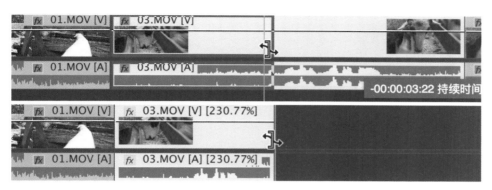

图 4-1-14　比率拉伸工具

在工具箱中选择"比率拉伸工具"，光标变成比率拉伸工具图标，然后将光标放在序列中需要调节的某个素材的左边缘或右边缘，按住鼠标左键并水平拖动，改变该素材原有的长度。在"节目监视器"面板左下方的时间码则显示该素材入点（或出点）被改变的帧数（正值表示该点向左移动，负值表示该点向右移动），以便改变素材的播放速度（被改变的素材在序列中左右有空位时才能拉长该素材的长度，使该素材播放速度变慢；否则只能缩短该素材的长度，使该素材播放速度变快）。序列中的其他素材仍保持原样不变。

4.1.9　钢笔工具

建立关键帧剪辑：在时间轨道上产生声音起伏和画面透明度的变化。创建关键帧动画，如图 4-1-15 所示。

图 4-1-15　钢笔工具

4.1.10　手形工具

用来移动时间线上的视频画面。画面放大后，用手形工具来移动画面，便于细节的观看和操作，如图 4-1-16 所示。

图 4-1-16　手形工具

4.1.11　缩放工具

使用放大工具可放大观看。在时间轨道的素材上单击，即可放大素材，连续单击可连续放大。借助 ALT 键单击可以缩小素材。用放大工具框选素材，可对框选部分进行放大，如图 4-1-17 所示。

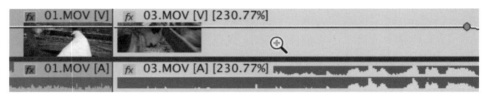

图 4-1-17　缩放工具

4.2　素材的整理

4.2.1　素材片段的编组

在编辑过程中有时需要对多个轨道上的多个素材同时进行操作，最好使用"编组"命令，将这些素材组成一个整体来使用。编组后的素材，其某些属性会被锁定，以防止误操作。

1. 素材编组

选择多个素材，点击菜单栏中的"剪辑 / 编组"命令，也可以在选定的素材上单击右键，在弹出的快捷菜单中选择"编组"命令，选定的多个素材会被编组，形成一个整体，如图 4-2-1 所示。

2. 取消编组

如果要取消素材编组，可以用右键单击编组素材，在弹出的快捷菜单中选择"取消编组"命令，或者点击编组的素材，执行菜单栏中的"剪辑 / 取消编组"命令即可。配合 Alt 键可忽略编组 / 链接而移动素材，对于已经编组或链接的素材，如果要进行细微的调整，可以在不取消编组或链接的情况下移动素材，非常方便。还可以按住键盘上的"Shift+Alt"键，同时选择多个素材暂时脱离编组，移动到新的位置后，再保持在原先编组状态之中。

4.2.2 音视频素材的链接

带有同期声的影片素材被添加到序列后，视频、音频分别出现在各自的视频和音频轨道中，彼此之间保持链接关系。拖动某一素材时，另一素材也会随着移动，这就是保持音视频链接的素材。但是在编辑工作中，有时需要对视音频链接的素材分别执行操作；有时又需要将各自独立的视频和音频素材链接在一起，作为一个整体进行调整。这就需要对视频、音频素材进行分离或链接，如图 4-2-1 所示。

图 4-2-1　编组、取消链接菜单

1. 链接素材

在序列中框选要进行链接的视频和音频片段，单击鼠标右键，在弹出的快捷菜单中执行"链接"命令，视音频片段被链接在一起，可以作为一个整体进行操作。或者选中序列中的视频、音频素材片段，执行菜单栏中的"剪辑 / 链接"命令来实现素材的链接。

2. 分离素材

在序列中已链接的视音频素材上单击鼠标右键，在弹出的快捷菜单中执行"解除链接"命令，该素材被解除链接。也可以选中序列中已链接的视音频素材片段，执行菜单栏中的"剪辑 / 解除链接"命令，来实现素材的视音频分离。

分别移动视频和音频部分，使其错位（不同步），然后再选中它们并点击鼠标右键，弹出快捷菜单，执行"链接"命令，使视音频素材链接在一起。系统会在视频、音频片段上部标记警告，并标记错位的时间帧数，负值表示素材向左偏移，正值表示素材向右偏移。按住"Alt"键时拖动素材，可以临时解除链接。

4.2.3 素材片段的复制、粘贴

Premiere Pro CC 可以使用复制、粘贴命令对素材进行相关操作。

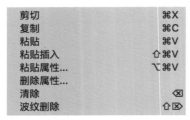

剪切	⌘X
复制	⌘C
粘贴	⌘V
粘贴插入	⇧⌘V
粘贴属性...	⌥⌘V
删除属性...	
清除	⌫
波纹删除	⇧⌫

图 4-2-2　复制、粘贴菜单

1. 粘贴素材

选择好需要粘贴的素材，再执行菜单栏中的"编辑/复制"命令，在时间线窗口序列中，将时间编辑线移到需要粘贴素材的位置，然后执行菜单栏中的"编辑/粘贴"命令，复制的素材就被粘贴到时间编辑线确定的位置上，如图 4-2-2 所示。

2. 粘贴插入

选择好需要粘贴的素材，再执行菜单栏中的"编辑/复制"命令，在时间线窗口序列中，选择目标轨道，将时间编辑线放在需要粘贴插入素材的位置，然后执行菜单栏中的"编辑/粘贴插入"命令，新粘贴的素材被插入到时间编辑线确定的位置上，而序列中时间编辑线右侧原有的素材等距离右移，如图 4-2-2 所示。

3. 粘贴属性

选择好需要粘贴的素材，再执行菜单栏中的"编辑/复制"命令，在时间线窗口序列中，选择需要粘贴属性的目标素材，执行菜单栏中的"编辑/粘贴属性"命令，会将复制素材的属性拷贝给当前素材。

4.2.4　提升剪辑、提取剪辑

使用"节目监视器"面板右下角的提升 ▆ 和提取 ▆ 按钮，可完成把素材提出时间线的操作。

在提升和提取时对应于覆盖和插入的逆向功能，选择目标轨素材，在"节目监视器"面板中设定好出入点，点选提升和提取按钮，可提出不需要的素材，如图 4-2-3 所示。

4.2.5　替换素材

替换时间线上的素材，保证原素材的各种效果属性不变。

◇按住 Alt 键拖拽，使用新素材入点，完成替换。

◇按住 Alt+Shift 键拖拽，使用原素材入点，完成替换。

◇使用菜单命令，可以实现 3 种形式的替换。用鼠标右键选择要替换的素材，在弹出的菜单中选择替换素材，可以实现 3 种形式的替换：从源监视器、从源监视器匹配帧、从素材箱替换，如图 4-2-4 所示。

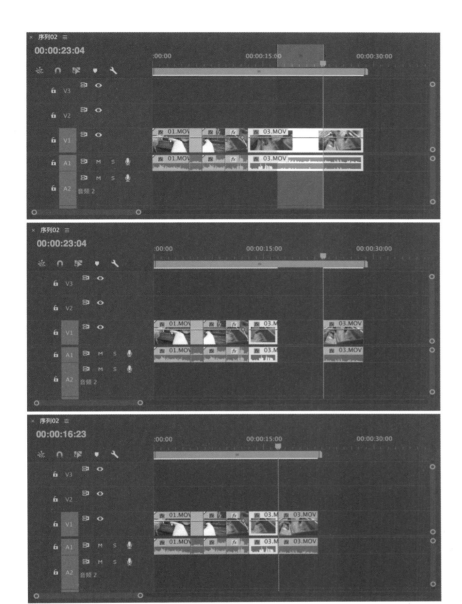

图 4-2-3　提升和提取

图 4-2-4　替换素材

4.2.6　生成静帧素材片段

在监视器面板中，选择按钮编辑器，调出导出单帧按钮。把时间线指针指定到单帧画面位置，单击导出单帧 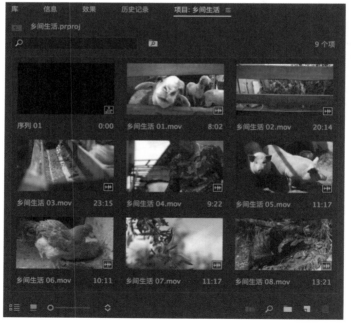 按钮，即可生成单帧画面。把生成的单帧画面导入项目面板，放到时间线上作为独立画面编辑。

4.3　综合练习——"乡间生活"

这是一组展现乡间生活的镜头。通过各个剪辑点的剪接，使用波纹、滚动、错落、滑动等剪辑工具进行精细调整，掌握精确剪辑素材画面的方法。

1. 设置节目

（1）运行 Premiere Pro CC，选择新建项目选项，在新建项目窗口，命名项目名称为"乡间生活"。

（2）在接下来的新建序列窗口中，设置序列预设模式为 DV PAL，宽屏48KHz。

2. 导入素材

（1）双击项目面板空白处，打开导入对话框，选择导入"乡间生活01～08"8 个视频文件，单击打开按钮，导入素材，如图 4-3-1 所示。

图 4-3-1　导入素材到"项目"面板

（2）分别单击"项目"面板中的素材，在"源监视器"面板中观看素材内容画面。

3. 在"源监视器"面板中挑选素材片段

通过设置入点和出点的方法来剪裁素材，去掉不需要的部分，挑选有用的部分编入到影片中。

（1）第1个镜头

◇双击"项目"面板中的"乡间生活01"，在"源监视器"面板中观看这段素材。拖动时间线指针或通过播放按钮，寻找素材的开始位置画面"入点"。在时码 00:00:43:00 位置，将其作为第1个镜头的开始。单击标记入点按钮 █，确定画面的"入点"，如图 4-3-2 所示。

◇寻找素材的结束位置"出点"，在窗口时码显示 00:00:47:18 位置，单击标记出点按钮 █，设置第1个镜头的结束位置"出点"，如图 4-3-3 所示。

◇在时间线窗口用鼠标单击视频1轨道，激活轨道，鼠标指针在0帧位置。用鼠标单击"源监视器"面板下部的插入按钮 █，把在监视器窗口剪辑好的素材导入到当前时间线轨道上，素材会在时间指针处排列。

（2）第2个镜头

◇双击"项目"面板中的"乡间生活02"，在"源监视器"面板中选择素材有效内容。设置"入点"在时码 00:00:35:09 位置，作为镜头的开始，单击标记入点按钮 █，确定画面的"入点"，如图 4-3-4 所示。

◇寻找素材的结束位置"出点"，在窗口时码显示 00:00:39:06 位置，单击标记出点按钮 █，确定画面的"出点"，如图 4-3-5 所示。

图 4-3-2　01 镜头入点画面

图 4-3-3　01 镜头出点画面

图 4-3-4　02 镜头的入点画面

图 4-3-5　02 镜头的出点画面

图 4-3-6　03 镜头的入点画面

图 4-3-7　03 镜头的出点画面

图 4-3-8　04 镜头的入点画面

图 4-3-9　04 镜头的出点画面

◇用鼠标单击"源监视器"面板下部的插入按钮，把在监视器窗口剪辑好的素材导入到当前时间线轨道上，素材会在时间指针处排列。

（3）第 3 个镜头

◇双击"项目"面板中的"乡间生活 03"，在"源监视器"面板中选择素材有效内容。设置"入点"在时码 00:02:51:03 位置，羊入画吃东西的画面。单击标记入点按钮，确定画面的"入点"，如图 4-3-6 所示。

◇寻找素材的结束位置"出点"，在窗口时码显示 00:02:52:17 位置，单击标记出点按钮，确定画面的"出点"，如图 4-3-7 所示。

◇用鼠标单击"源监视器"面板下部的插入按钮，把在监视器窗口剪辑好的素材导入到当前时间线轨道上。

（4）第 4 个镜头

◇双击"项目"面板中的"乡间生活 04"，在"源监视器"面板中选择素材有效内容。设置"入点"在时码 00:01:22:00 位置，老人喂羊的中近景画面。单击标记入点按钮，确定画面的"入点"，如图 4-3-8 所示。

◇寻找素材的结束位置"出点"，在窗口时码显示 00:01:27:01 位置，单击标记出点按钮，确定画面的"出点"，如图 4-3-9 所示。

◇用鼠标单击"源监视器"面板下部的插入按钮，把在监视器窗口剪辑好的素材导入到当前时间线轨道上。

（5）第 5 个镜头

◇双击"项目"面板中的"乡间生活

05"，在"源监视器"面板中选择素材有效内容。设置"入点"在时码 00:01:35:06 位置。单击标记入点按钮 ⨾，确定画面的"入点"，如图 4-3-10 所示。

◇寻找素材的结束位置"出点"，在窗口时码显示 00:01:37:21 位置，单击标记出点按钮 ⨾，确定画面的"出点"，如图 4-3-11 所示。

◇用鼠标单击"源监视器"面板下部的插入按钮 ⊞，把在监视器窗口剪辑好的素材导入到当前时间线轨道上。

（6）第 6 个镜头

◇双击"项目"面板中的"乡间生活06"，在"源监视器"面板中选择素材有效内容。设置"入点"在时码 00:01:46:09 位置，母鸡画面。单击标记入点按钮 ⨾，确定画面的"入点"，如图 4-3-12 所示。

◇寻找素材的结束位置"出点"，在窗口时码显示 00:01:49:11 位置，母鸡蹲下后的画面。单击标记出点按钮 ⨾，确定画面的"出点"，如图 4-3-13 所示。

◇用鼠标单击"源监视器"面板下部的插入按钮 ⊞，把在监视器窗口剪辑好的素材导入到当前时间线轨道上。

（7）第 7 个镜头

◇双击"项目"面板中的"乡间生活07"，在"源监视器"面板中选择素材有效内容。设置"入点"在时码 00:01:59:03 位置，单击标记入点按钮 ⨾，确定画面的"入点"，如图 4-3-14 所示。

◇寻找素材的结束位置"出点"，在窗口时码显示 00:02:02:03 位置，单击标记出点按钮 ⨾，确定画面的"出点"，如图 4-3-15

图 4-3-10　05 镜头的入点画面

图 4-3-11　05 镜头的出点画面

图 4-3-12　06 镜头的入点画面

图 4-3-13　06 镜头的出点画面

图 4-3-14　07 镜头的入点画面

图 4-3-15　07 镜头的出点画面

图 4-3-16　08 镜头的入点画面

图 4-3-17　08 镜头的出点画面

所示。

◇用鼠标单击"源监视器"面板下部的插入按钮，把在监视器窗口剪辑好的素材导入到当前时间线轨道上。

（8）第 8 个镜头

◇双击"项目"面板中的"乡间生活 08"，在"源监视器"面板中选择素材有效内容。设置"入点"在时码 00:02:18:14 位置，单击标记入点按钮，确定画面的"入点"，如图 4-3-16 所示。

◇寻找素材的结束位置"出点"，在窗口时码显示 00:02:02:22 位置，单击标记出点按钮，确定画面的"出点"，如图 4-3-17 所示。

◇用鼠标单击"源监视器"面板下部的插入按钮，把在监视器窗口剪辑好的素材导入到当前时间线轨道上，如图 4-3-18 所示。

4．在时间线面板整理（精剪）素材片段

（1）在素材 01 中，羊停留时间太长。使用波纹编辑工具，拖拽素材右侧边缘向左，移动 25 帧，使羊的停留时间缩短，后面的素材跟着移动。调整后缩短了羊的停留时间，如图 4-3-19 所示。

（2）在素材 02 与素材 03 中，羊吃东西的两个画面衔接不准，使用外滑工

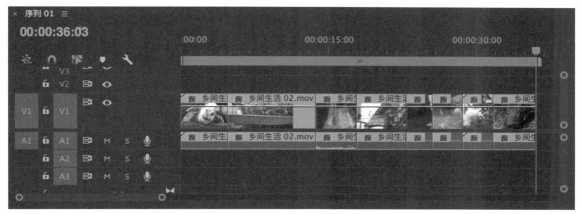

图 4-3-18　时间线素材顺序排列

图 4-3-19　波纹编辑调整

具，用鼠标左键按住素材 02，向左拖拽 3 帧，后面的素材跟着移动，这种调整对整段剪辑没有影响，可完成衔接的调整，如图 4-3-20 所示。

（3）在素材 04 中，老人喂羊后停留时间稍长，在素材 04 和素材 05 的连接点处，向左拖拽 21 帧画面，如图 4-3-21 所示。

5. 添加背景音乐

（1）双击"项目"面板空白处，打开导入对话框，选择"乡间生活音乐"音频素材文件，单击打开按钮，导入素材。

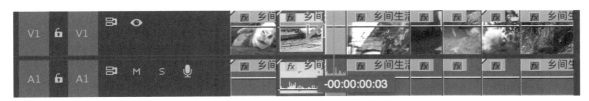

图 4-3-20　滑动编辑调整

图 4-3-21　滚动编辑调整

（2）使用选择工具，从"项目"面板上把"乡间生活音乐"音频素材拖入时间线面板音频2轨道中，如图4-3-22所示。

（3）监听播放音频素材，使用剃刀工具在音频素材上进行剪切，其他按Delete键删除。通过调整使音频与视频完全对应，如图4-3-23所示。

（4）展开音频2轨道。显示音频上的关键帧控制线，使用钢笔工具在快要结束位置和结束位置上单击，添加两个关键帧。向下拖动最后一个关键帧到最底端，参数显示"0"db（分贝），使音频产生淡出效果，声音会渐渐消失，如图4-3-24所示。

图4-3-22　导入音频文件

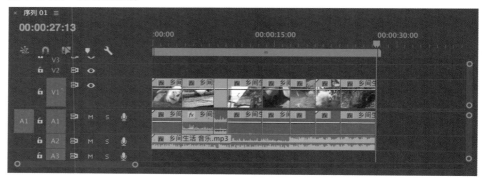

图4-3-23　通过剪切匹配视频和声音素材

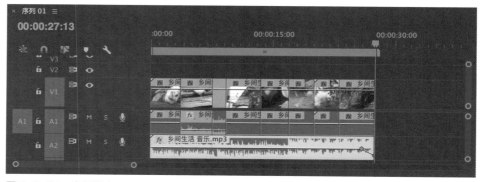

图4-3-24　音频淡出

-------------- 第 5 章

======= **动作画面的编辑**

课程学习要点

  pr 有强大的运动生成功能，通过轴心点、旋转、缩放、位移及透明动画关键帧的设定，能轻易地将图像（或视频）进行移动、旋转、缩放以及变形等，产生运动效果。灵活运用动画效果，可以使视频作品更加丰富多彩。

  ·动画的概念

  ·关键帧的添加

  ·运动属性的应用

5.1 动画概念

5.1.1 动画是使画面产生运动的技术

动画是由许多幅单个画面组成的，在连续快速观看时，由于人眼的视觉暂留现象，画面会产生连续的动作效果。

5.1.2 关键帧的知识

帧是动画中最小单位的单幅影像画面，相当于电影胶片上的一格画面。关键帧相当于二维动画中的原画。关键帧与关键帧之间的画面叫作过渡帧或者中间帧。关键帧的概念来源于传统的动画片制作。动画师绘制的片中的重要画面，即所谓的关键帧，然后再设计中间帧。在 pr 视频画面中，中间帧是由计算机来完成的。所有影响画面图像的参数都可成为关键帧的参数，如位置、旋转角、大小等。关键帧技术是计算机动画中最基本并且运用最广泛的方法。画面运动的必要条件是在不同的时间，具有两个以上的数值不同的关键帧。计算机通过给定的关键帧，计算出从一个关键帧到另一个关键帧之间的变化过程。

5.2 关键帧的添加

5.2.1 在效果控件面板上处理关键帧

1. 建立添加关键帧

建立关键帧应首先选中要建立关键帧的素材，打开【控件面板】上的运动属性。然后将时间指示器移动到要建立关键帧的位置，激活属性前面的切换开关 ⏱（秒表）图标，此时【时间线指针】所处的位置就会显示出关键帧。移动【时间线指针】到合适的位置，单击【添加/移动关键帧】 ◆ 按钮，可以继续添加关键帧。在【时间线指针】所在的任何位置，更改其属性的参数值可直接建立关键帧，如图 5-2-1 所示。

2. 关键帧导航

关键帧导航功能可方便关键帧的管理，单击导航三角形箭头按钮，可以把时间指针移动到前一个或后一个关键帧位置，如图 5-2-2 所示。

单击左侧的三角形标记 ▶，可以展开各项运动属性的曲线图表，包括数值图表和速率图表，如图 5-2-3 所示。

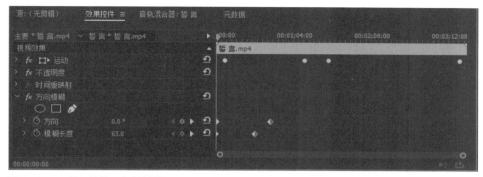

图 5-2-1　效果控件面板关键帧

图 5-2-2　关键帧导航

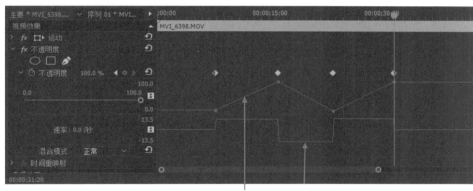

数值图表　　速率图表

图 5-2-3　关键帧图表

3．选择关键帧

在【效果控件】面板上选择单个关键帧时，只需用鼠标单击；选择多个关键帧时，按住 Shift 键逐个点击要选择的关键帧；使用鼠标左键框选看得到的关键帧，可以更方便、更大范围地选择更多的关键帧。

4．修改关键帧

选中要编辑的关键帧，按住鼠标左键，将它拖到目标位置即可；移动多个关键帧的方法与此相同，在移动多个关键帧时，关键帧之间的相对位置保持不变。

5. 复制关键帧

选中要复制的关键帧，执行菜单中的【编辑】→【复制】命令，然后将时间指示器移动至目标位置，执行菜单中的【编辑】→【粘贴】命令，这是在同一层中同一属性间进行关键帧复制的方法，也可以同时复制多个属性的多个关键帧，方法相同。

6. 删除关键帧

选择要删除的关键帧，执行菜单中的【编辑】→【删除】命令；或者选中后再次点击【关键帧添加/移除】按钮删除；也可以选中后按键盘上的 Delete 键删除。

图 5-2-4　时间轴菜单

5.2.2　在序列面板上处理关键帧

1. 建立添加关键帧

可以在时间线轨道上建立关键帧，首先选中要建立关键帧的层。鼠标光标为 ↕，放大图层轨道。在【序列】面板控制区，单击【时间轴显示设置】按钮 🔧，弹出时间轴显示菜单，选择显示轨道关键帧选项，如图 5-2-4 所示。

使用钢笔工具，点击素材上的关键帧控制线，建立关键帧。时间指针移到另一位置，点击添加建立第二个关键帧，可继续添加更多透明度关键帧。

2. 关键帧调整

可以对轨道关键帧进行拖拽调整，位置的高低表示数值的大小。使用钢笔工具调整控制柄的方向和长度，如图 5-2-5 所示。

轨道关键帧选择、复制、粘贴、删除的操作方法与【效果控件】面板上的关键帧处理方法相同。

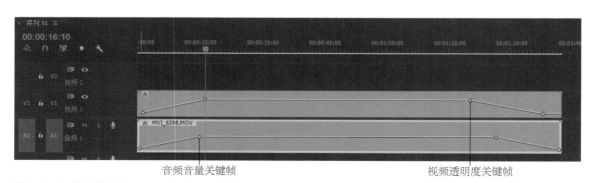

音频音量关键帧　　　　视频透明度关键帧

图 5-2-5　轨道关键帧

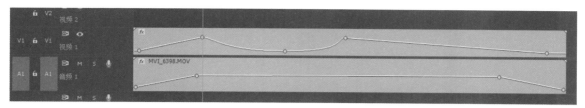

图 5-2-6　轨道关键帧数值曲线

3. 数值曲线调整

可以调整关键帧之间的数值曲线，使关键帧动作更加柔和完美，如图 5-2-6 所示。

5.3　运动属性的应用

视频轨道的对象都具有运动属性，可以对其进行移动、调整大小、变换角度。以及调整物体中心点、透明度等动作属性设定。下面以飞机的运动为例分别进行讲述，如图 5-3-1 所示。

5.3.1　位置属性

位置运动制作的步骤如下：

◇单击轨道中的飞机素材，使其处于选择状态，激活【效果控件】面板，选中运动属性后，节目监视器窗口中飞机素材边缘出现蓝色【范围框】，如图 5-3-2 所示。

图 5-3-1　运动属性

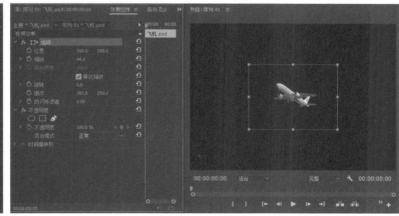

图 5-3-2　选择运动属性后出现范围框

◇在【效果控件】面板中，时码在"00:00:00:00"位置，单击运动项中位置属性的【切换开关】按钮⊙，添加关键帧。在节目监视器窗口的飞机【范围框】上单击并向右下拖动，完成飞机第一帧的位置的设置，如图5-3-3所示。

◇将时码调整在"00:00:05:00"位置，鼠标按住飞机的蓝色【范围框】，通过向左上角拖动来产生路径，也可以通过改变位置X和Y坐标属性数据，修改目标位置。飞机产生运动后的情形，如图5-3-4所示。

5.3.2 缩放属性

缩放是以轴心点为基准，进行对象大小的变化，改变对象的比例尺寸。在运动属性中改变缩放参数值，可改变目标大小。取消等比缩放勾选，可分别设

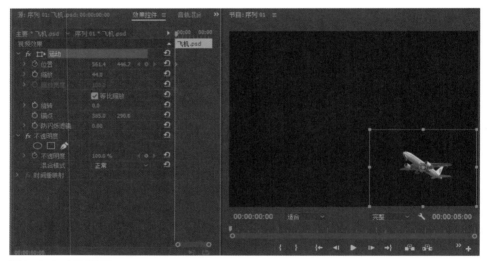

图5-3-3 设置位置

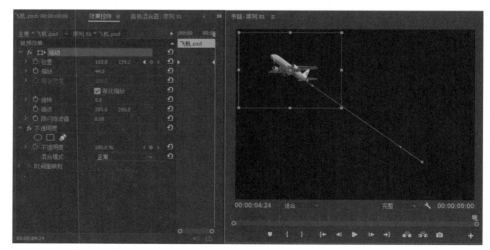

图5-3-4 运动飞机产生运动效果

置目标高度和宽度。可以直接拖动对象边框缩放目标大小，如图5-3-5所示。

5.3.3 旋转属性

以对象的轴心点为基准，进行旋转设置。可以对对象进行任意角度的旋转，顺时针旋转为正角度，逆时针旋转为负角度。把鼠标指针移动到监视器窗口飞机范围框控制点的左右，当指针变为 ⟲ 形状时，左键按下拖动可以直接进行旋转，如图5-3-6所示。

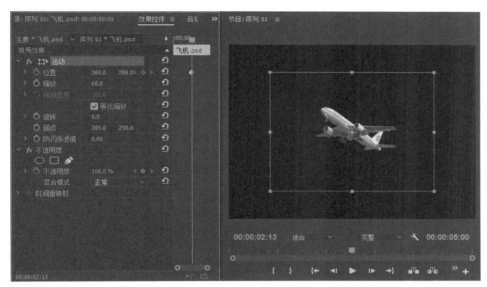

图5-3-5　拖动句柄缩放对象

图5-3-6　旋转对象

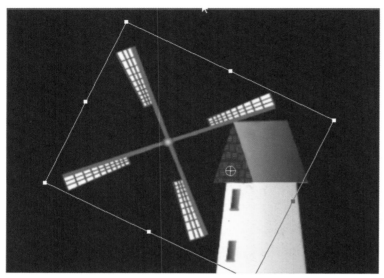

图 5-3-7　风车轮围绕锚点公转

5.3.4　锚点属性

在默认情况下，运动一般都以锚点为基础进行相关属性的设置，锚点也就是物体的轴心点。锚点是物体旋转或缩放等设置的坐标中心。随着锚点的位置变化，物体的运动状态也会相应地产生变化。转动的风车，当锚点没有在风叶轮的轴心时，风车的转动围绕轴心公转，这种转动不符合事实。改变锚点使其与风车的轴心点吻合在一起，风车的转动就平稳自然了，如图 5-3-7 和 5-3-8 所示。

5.3.5　透明度属性

如果物体透明就看不到这个物体，物体不透明就看得到。物体不透明度 100% 时，物体完全不透明；物体不透明度为 0 时，物体完全透明；物体的透明数值越小透明度越高，物体的透明数值越大透明度越低，如图 5-3-9 所示。

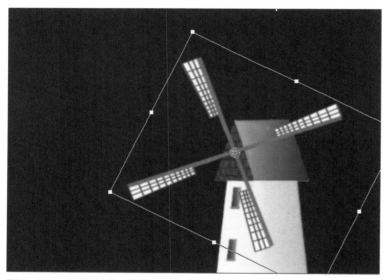

图 5-3-8　调整锚点处在风车的轴心点上

图 5-3-9　透明度设定

5.4 综合动作剪辑案例

5.4.1 动态图册——我的"大学电子相册 1"

利用图片素材，使用关键帧技术及比例、位移、旋转、透明度等属性制作动态的我的"大学电子相册"。

1. 设置节目

（1）运行 Premiere Pro CC，新建项目名称为"大学电子相册"。

（2）新建序列命名为"大学电子相册"，设置序列编辑模式为 DV PAL。

2. 输入素材

双击项目面板空白处，打开导入对话框，选择导入"校园 1～校园 9"图片文件，背景文件和背景音乐文件、单击打开按钮，导入素材，如图 5-4-1所示。

3. 在序列中排列剪辑

对图片素材进行动画设计，通过设置素材位置，缩放和旋转的动画属性方法来达到使静止画面动起来的效果。

（1）导入项目中的"校园 1"图片，拖动到"大学电子相册"序列视频 V2轨道，时码 00:00:00:00 位置，图片时长 1 秒。完成"校园 1"的设置，画面如图 5-4-2、图 5-4-3 所示。

（2）导入项目中的"校园 2"图片，拖动到"大学电子相册"序列视频 V2轨道，时码 00:00:01:00 位置，与校园 1 相接，图片时长 5 秒。两个画面相接处添加 1 秒闪白转场。

在"校园 2"的效果控件面板上，时码 00:00:02:00 位置，单击运动项中【位置】的切换动画 开关按钮，添加关键帧。【位置】参数：360；288；将时

图 5-4-1　导入素材的　图 5-4-2　校园 1 在 0 秒画面　　图 5-4-3 校园 1 在 1 秒画面
项目面板

图 5-4-4　校园 2 位置关键帧 2~3 秒时参数设置

图 5-4-5　校园 2 位置关键帧 2 秒画面

图 5-4-6　校园 2 在 3 秒前预览窗口的画面

码调整在 00:00:03:00 位置，在效果控件面板上，修改运动项中【位置】参数：
-338；288，参数选项组，如图 5-4-4 所示。完成"校园 2"的动画设置，画面
如图 5-4-5、图 5-4-6 所示。

（3）导入项目中的"校园 3"图片，拖动到"大学电子相册"序列视频 V3
轨道，时码 00:00:02:00 位置，图片时长 5 秒。

在效果控件面板上，时码 00:00:02:00 位置，单击运动项中【位置】的切
换动画 ⏱ 开关按钮，添加关键帧。位置参数：1001；288。

将时码调整在 00:00:3:00 位置，在效果控件面板上，修改运动项中【位
置】参数为：360；288。

将时码调整在 00:00:4:00 位置，在效果控件面板上，修改运动项中【位
置】参数为：360；288。

将时码调整在 00:00:5:00 位置，在效果控件面板上，修改运动项中【位
置】参数为：360；-268。

完成"校园 3"的动画设置，"校园 3"在时间线上的关键帧分布，如图
5-4-7 所示。"校园 3"，在 2 秒后的运动画面，如图 5-4-8 所示。"校园 3"，
在 3—4 秒时的画面，如图 5-4-9 所示。"校园 3"，在 5 秒前的运动画面，如

图 5-4-7 "校园 3"在 2、3、4、5 秒时间线上的关键帧分布

图 5-4-8 在 2 秒后画面

图 5-4-9 在 3-4 秒间画面

图 5-4-10 在 5 秒前画面

图 5-4-10 所示。

（4）导入项目中的"校园 4"图片，拖动到"大学电子相册"序列视频 V4 轨道，时码 00:00:4:00 位置，图片时长 5 秒。

在效果控件面板中，节目监视器时码在"00:00:4:00"位置，单击运动项中【位置】的切换动画 ⏱ 开关按钮，添加关键帧。位置参数：360；800。

将时码调整在 00:00:5:00 位置，在效果控件面板上，修改运动项中【位置】参数为：360；288。

将时码调整在 00:00:6:00 位置，在效果控件面板上，修改运动项中【位置】参数为：360；288。

将时码调整在 00:00:7:00 位置，在效果控件面板上，修改运动项中【位置】参数为：360；-300。

完成"校园 4"的动画设置。"校园 4"画面在时间线上的关键帧分布，如图 5-4-11 所示。

图 5-4-11 "校园 4"在 4、5、6、7 秒时间线上的关键帧分布

图 5-4-12　在 4 秒后画面

图 5-4-13　在 5—6 秒间画面

图 5-4-14　在 7 秒前画面

"校园 4"在 4 秒后画面，如图 5-4-12 所示。"校园 4"在 5—6 秒间画面，如图 5-4-13 所示。"校园 4"在 7 秒前画面，如图 5-4-14 所示。

（5）导入项目中的"校园 5"图片，拖动到大学电子相册序列视频 V5 轨道，时码 00:00:06:00 位置。图片时长 7 秒。

在效果控件面板上，时码在"00:00:06:00"位置，单击运动项中【位置】的切换动画 开关按钮，添加关键帧。

位置参数：360；840；

将时码调整在 00:00:07:00 位置，在效果控件面板上，修改运动项中【位置】参数为：360；288。

将时码调整在 00:00:12:00 位置，在效果控件面板上，修改运动项中【位置】参数为：360；288。

将时码调整在 00:00:13:00 位置，在效果控件面板上，修改运动项中【位置】参数为：360；-260。

完成"校园 5"的动画设置。

"校园 5"画面在 6、7—12、13 秒时间线上的关键帧分布，如图 5-4-15 所示。

"校园 5"在 6 秒后画面，如图 5-4-16 所示。"校园 5"在 7-12 秒间画面，如图 5-4-17 所示。"校园 4"在 13 秒前画面，如图 5-4-18 所示。

图 5-4-15　"校园 5"在 6、7—12、13 秒时间线上的关键帧分布

图 5-4-16 在 6 秒后画面

图 5-4-17 在 7-12 秒间画面

图 5-4-18 在 13 秒前画面

（6）导入项目中的"校园 6"图片，拖动到"大学电子相册"序列视频 V6 轨道，时码 00:00:09:00 位置，图片时长 5 秒。

调整【缩放】参数为：69，【旋转】-5 度（不设关键帧）。

在效果控件面板中，时码在 00:00:09:00 位置，单击运动项中【透明度】的切换动画 开关按钮，添加关键帧。

不透明度参数：0。

将时码调整在 00:00:10:00 位置，在效果控件面板上，修改运动项中【透明度】参数为：100。

在效果控件面板上，时码在 00:00:12:00 位置，单击运动项中【位置】的切换动画 开关按钮，添加关键帧。

位置参数：460；300

将时码调整在 00:00:13:00 位置，在效果控件面板上，修改运动项中【位置】参数为：460；-207。

完成"校园 6"的动画设置。

"校园 6"画面在 9、10-12、13 秒时间线上的关键帧分布，如图 5-4-19 所示。

"校园 6"在 9 秒后画面，如图 5-4-20 所示。"校园 6"在 13 秒前画面，如图 5-4-21 所示。

（7）导入项目中的"校园 7"图片，拖动到"大学电子相册"序列视频 V7 轨道，时码 00:00:10:00 位置，图片时长 5 秒。

调整【缩放】参数为：56；【旋转】-16 度（不设关键帧）。

在效果控件面板中，时码在"00:00:10:00"位置，单击运动项中【透明度】的切换动画 开关按钮，添加关键帧。

不透明度参数：0。

将时码调整在 00:00:11:00 位置，在效果控件面板上，修改运动项中【透

图 5-4-19 "校园 6"在 9~13 秒时间线上的关键帧分布

图 5-4-20 "校园 6"在 9 秒后画面

图 5-4-21 "校园 6"在 13 秒前画面

图 5-4-22 "校园 7"在 10—13 秒时间线上的关键帧分布

图 5-4-23 "校园 7"在 10 秒后画面　　图 5-4-24 "校园 7"在 13 秒前画面

明度】参数为：100。

在效果控件面板中，节目监视器时码在"00:00:12:00"位置，单击运动项中【位置】的切换动画 ⏱ 开关按钮，添加关键帧。

位置参数：416；288。

将时码调整在 00:00:13:00 位置，在效果控件面板上，修改运动项中【位置】参数为：416；-23。

完成"校园 7"的动画设置。

"校园 7"画面在 10、11—12、13 秒时时间线上的关键帧分布，如图 5-4-22 所示。

"校园 7"在 10 秒后画面，如图 5-4-23 所示。"校园 7"在 13 秒前画面，如图 5-4-24 所示。

（8）导入项目中的"校园 8"图片，拖动到"大学电子相册"序列视频 V8 轨道，时码 00:00:12:00 位置，图片时长 5 秒。

在效果控件面板中，时码在"00:00:12:00"位置，单击运动项中【位置】的切换动画 ⏱ 开关按钮，添加关键帧。

位置参数：360；825

将时码调整在 00:00:13:00 位置，在效果控件面板上，修改运动项中【位置】参数为：

位置参数：360；288

将时码调整在 00:00:14:00 位置，在效果控件面板上，修改运动项中【位置】参数为：360；288。

将时码调整在 00:00:15:00 位置，在效果控件面板上，修改运动项中【位置】参数为：360；-260。

完成"校园 8"的动画设置。

"校园 8"画面在 12、13、14、15 秒时间线上的关键帧分布，如图 5-4-25 所示。

图 5-4-25 "校园 8"在 12—15 秒时间线上的关键帧分布

"校园 8"在 12 秒后画面，如图 5-4-26 所示。"校园 8"在 13-14 秒间画面，如图 5-4-27 所示。

"校园 8"在 15 秒前画面，如图 5-4-28 所示。

图 5-4-26 在 12 秒后画面　　图 5-4-27 在 13-14 秒间画面　　图 5-4-28 在 15 秒前画面

（9）导入项目中的"校园 9"图片，拖动到"大学电子相册"序列视频 V9 轨道，时码 00:00:14:00 位置，图片时长 5 秒。

在效果控件面板中，时码在"00:00:14:00"位置，单击运动项中【位置】的切换动画 开关按钮，添加关键帧。

位置参数：360；842。

将时码调整在 00:00:15:00 位置，在效果控件面板上，修改运动项中【位置】参数为：360；288。

图 5-4-29 "校园 9"在 14—17 秒时时间线上的关键帧分布

图 5-4-30 在 14 秒后画面

图 5-4-31 在 15—16 秒间画面

图 5-4-32 在 17 秒画面

在效果控件面板中，时码在 00:00:16:00 位置，单击运动项中【缩放】的切换动画 🕑 开关按钮，添加关键帧。缩放参数为：90。

单击运动项中【旋转】的切换动画 🕑 开关按钮，添加关键帧。

旋转参数：-4 度；

将时码调整在 00:00:17:00 位置，在效果控件面板上，修改运动项中【缩放】参数为：112；

修改旋转项中【旋转】参数为：0 度；

完成"校园 9"的动画设置。

"校园 9"画面在 14、15、16、17 秒时间线上的关键帧分布，如图 5-4-29 所示。

"校园 9"在 14 秒后画面，如图 5-4-30 所示。"校园 9"在 15-16 秒间画面，如图 5-4-31 所示。

"校园 9"在 17 秒画面，如图 5-4-32 所示。

（10）使用缩放条展开序列面板，观看"大学电子相册"中所用素材在序列面板视频轨道上的排列分布，如图 5-4-33 所示。

4. 设置背景

导入项目中的"背景"图片，拖动到"大学电子相册"序列视频 V1 轨道，时码 00:00:00:00 位置。图片时长 18 秒，对齐素材，如图 5-4-34 所示。

5. 设置音频

导入声音素材，拖入时间线音频轨道，与背景图片对齐。回车渲染，欣赏优美动态我的大学电子相册，如图 5-4-35 所示。

5.4.2 动态图册——我的大学电子相册 2

利用图片素材，使用关键帧技术及比例、位移、旋转、透明度等属性制作动态的我的大

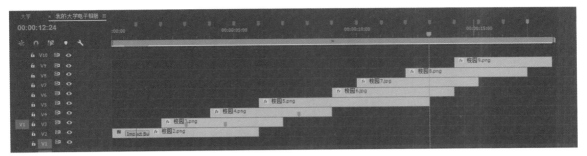

图 5-4-33　序列面板视频轨道上的素材排列分布

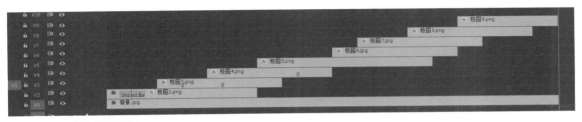

图 5-4-34　添加背景素材

图 5-4-35　添加音乐

学电子相册。

1. 设置节目

（1）运行 Premiere Pro CC，新建项目名称为"大学电子相册"。

（2）新建序列命名为"大学电子相册"，设置序列编辑模式为 DV PAL。

2. 输入素材

双击项目面板空白处，打开导入对话框，选择导入"大学 001～大学 008"八个图片文件、背景文件和背景音乐文件，单击打开按钮导入素材，如图 5-4-36 所示。

3. 在效果控件面板上设置动画参数

对图片素材进行动画设计，通过设置素材位置、缩放和旋转的动画属性等方法来达到使静止画面动起来的效果。

（1）导入项目中的"大学 001"图片，拖动到"大学电子相册"序列视频 V3 轨道，时码 00:00:00:00 位置，图片时长 5 秒。

在效果控件面板中，时码在"00:00:00:00"位置，单击

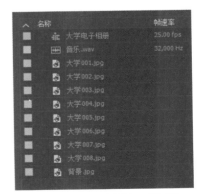

图 5-4-36　导入素材的项目面板

运动项中【位置】切换动画  开关按钮，添加关键帧。

位置参数：360；288；

缩放参数：40。

将时码调整在 00:00:04:00 位置，在效果控件面板上，修改运动项中【位置】参数为：230；403，产生位置动画。

完成"大学001"的动画设置，如图5-4-37所示。

大学001在0秒画面

大学001在4秒画面

图 5—4—37　大学 001 关键帧 1—4 秒时效果控件面板参数设置

（2）导入项目中的"大学002"图片，拖动到"大学电子相册"序列视频V2轨道，时码 00:00:04:00 位置，图片时长5秒。

在效果控件面板中，时码在 00:00:04:00 位置，单击运动项中【位置】【缩放】的切换动画  开关按钮，添加关键帧。

位置参数：230.1；403.1

缩放参数：40。

将时码调整在 00:00:08:00 位置，在效果控件面板上，修改运动项中【位置】【缩放】参数为：

位置参数：360；288

缩放参数：104

完成"大学002"的动画设置，如图5-4-38所示。

（3）导入项目中的"大学003"图片，拖动到"大学电子相册"序列视频

大学 002 在 4 秒画面   大学 002 在 8 秒画面

图 5-4-38　大学 002 关键帧 4—8 秒时效果控件面板参数设置

V3 轨道，时码 00:00:08:00 位置，图片时长 5 秒。

在效果控件面板中，时码在 00:00:08:00 位置，单击运动项中【位置】【缩放】的切换动画 开关按钮，添加关键帧。

位置参数：360；288

缩放参数：100

将时码调整在 00:00:12:00 位置，在效果控件面板上，修改运动项中【位置】【缩放】参数为：

位置参数：230；174

缩放参数：40

完成"大学 003"的动画设置。如图 5-4-39 所示。

（4）导入项目中的"大学 004"图片，拖动到"大学电子相册"序列视频 V2 轨道，时码 00:00:12:00 位置，图片时长 5 秒。

在效果控件面板中，时码在 00:00:12:00 位置，单击运动项中【位置】【缩放】的切换动画 开关按钮，添加关键帧。

位置参数：230；174

大学 003 在 8 秒画面

大学 003 在 12 秒画面

图 5-4-39　大学 003 关键帧 8—12 秒时参数设置

　　缩放参数：40

　　将时码调整在 00:00:16:00 位置，在效果控件面板上，修改运动项中【位置】【缩放】参数为：

　　位置参数：360；288

　　缩放参数：100

　　完成"大学 004"的动画设置，如图 5-4-40 所示。

　　（5）导入项目中的"大学 005"图片，拖动到大学电子相册序列视频 V3 轨道，时码 00:00:16:00 位置，图片时长 5 秒。

　　在效果控件面板中，时码在 00:00:16:00 位置，单击运动项中【位置】【缩放】的切换动画 开关按钮，添加关键帧。

　　位置参数：360；288

　　缩放参数：100

　　将时码调整在 00:00:20:00 位置，在效果控件面板上，修改运动项中【位置】【缩放】参数为：

　　位置参数：504；174

　　缩放参数：40

　　完成"大学 005"的动画设置，如图 5-4-41 所示。

大学 004 在 12 秒画面　　　　　　　　　　　　　大学 004 在 16 秒画面

主要 * 大学 004.jpg	∨	大学电子相册 ...	▶		00:00:15:00	
视频效果			▲	大学 004.jpg		
∨ fx □▶ 运动			↻			
> ⏱ 位置	360.0	288.0 ▶	↻ ▶			◆
> ⏱ 缩放	108.0	◀ ○ ▶	↻ ▶			◆
> ⏱ 缩放宽度	100.0		↻			

图 5-4-40　大学 004 关键帧 12~16 秒时参数设置

大学 005 在 16 秒画面　　　　　　　　　　　　　大学 005 在 20 秒画面

主要 * 大学 005.jpg	∨	大学电子相册 * 大学 005.jpg	▶		00:00:20:00	
视频效果			▲	大学 005.jpg		
∨ fx □▶ 运动			↻			
> ⏱ 位置	504.0	174.0	◀ ○ ▶	↻ ▶		◆
> ⏱ 缩放	40.0		◀ ○ ▶	↻ ▶		◆
> ⏱ 缩放宽度	100.0			↻		

图 5-4-41　大学 005 关键帧 16~20 秒时参数设置

（6）导入项目中的"大学006"图片，拖动到"大学电子相册"序列视频V2轨道，时码00:00:20:00位置，图片时长5秒。

在效果控制台中，节目监视器时码在00:00:20:00位置，单击运动项中【位置】【缩放】的切换动画 开关按钮，添加关键帧。

位置参数：504；174

缩放参数：40

将时码调整在00:00:24:00位置，在效果控件面板上，修改运动项中【位置】【缩放】参数为：

位置参数：360；288

缩放参数：100

完成"大学006"的动画设置，如图5-4-42所示。

大学006在20秒画面

大学006在24秒画面

图5-4-42　大学006关键帧20~24秒时参数设置

（7）导入项目中的"大学007"图片，拖动到"大学电子相册"序列视频V3轨道，时码00:00:24:00位置，图片时长5秒。

在效果控制台中，节目监视器时码在00:00:24:00位置，单击运动项中【位置】【缩放】的切换动画 开关按钮，添加关键帧。

位置参数：360；288

缩放参数：100

将时码调整在 00:00:28:00 位置，在效果控件面板上，修改运动项中【位置】【缩放】参数为：

位置参数：360；288

缩放参数：40

完成"大学 007"的动画设置，如图 5-4-43 所示。

大学 007 在 24 秒画面

大学 007 在 28 秒画面

图 5-4-43　大学 007 关键帧 24～28 秒时参数设置

（8）导入项目中的"大学 008"图片，拖动到"大学电子相册"序列视频 V2 轨道，时码 00:00:28:00 位置，图片时长 5 秒。

在效果控制台中，节目监视器时码在 00:00:28:00 位置，单击运动项中【位置】【缩放】的切换动画 开关按钮，添加关键帧。

位置参数：360；288

缩放参数：40

将时码调整在 00:00:32:00 位置，在效果控件面板上，修改运动项中【位置】【缩放】参数为：

位置参数：360；288

缩放参数：100

完成"大学 008"的动画设置，如图 5-4-44 所示。

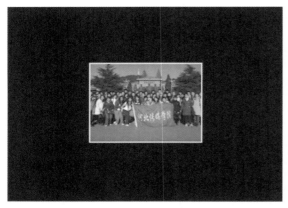

大学 008 在 28 秒画面   大学 008 在 32 秒画面

图 5-4-44　大学 008 关键帧 28~32 秒时参数设置

（9）使用缩放条展开序列面板，观看"大学电子相册"中所用素材在序列面板视频轨道上的排列分布，如图 5-4-45 所示。

4. 画面的淡入淡出修饰

使用钢笔工具对 V3 轨道与 V2 轨道叠加素材添加淡入淡出的透明度轨道关键帧（如图 5-4-46 所示），产生画面淡入淡出的融合叠加效果。

图 5-4-45　序列面板视频轨道上的素材排列分布

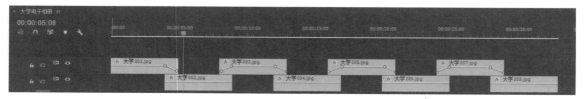

图 5-4-46　V3 轨道透明度关键帧分布

5. 设置背景

（1）导入项目中的"背景"图片，拖动到"大学电子相册"序列视频 V1 轨道，时码 00:00:00:00 位置。图片时长 33 秒，与全部素材对齐，如图 5-4-47 所示。

（2）对背景图片添加四色渐变效果，如图 5-4-48 所示。

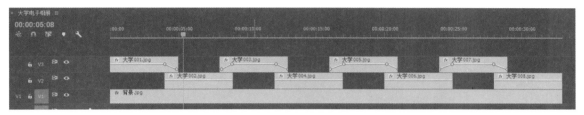

图 5-4-47　添加背景素材

四色渐变背景效果

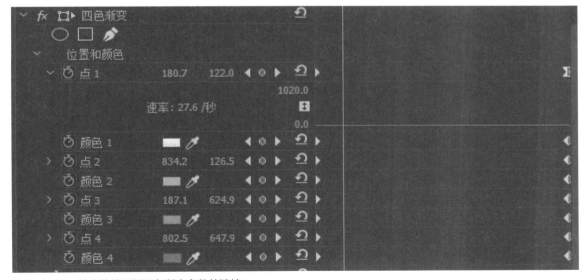

图 5-4-48　效果控件面板四色渐变参数关键帧

6. 设置音频

导入声音素材，拖入时间线音频轨道，与背景图片对齐。回车渲染，欣赏优美动态的我的大学电子相册，如图5-4-49所示。

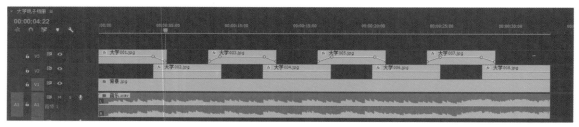

图 5-4-49　序列中图片剪辑过程

第 6 章

复杂影片的辅助剪辑技术

课程学习要点：

在剪辑时，由于剪辑的复杂性，除了采用一般正常的剪辑方法外，PR 还提供了一些辅助剪辑、方便剪辑的技术。借助这些剪辑技术，可以丰富剪辑的手段，在做复杂的影片时便于快速、简洁、清晰地完成影片剪辑。

- 使用标记
- 序列嵌套的解决方法
- 编辑多摄像机序列
- 时间重映射 / 速度效果

6.1 使用标记

设置注释标记点是使剪辑清晰和便捷的辅助手段，可以帮助用户在序列中快速寻找目标位置；在序列中对齐素材；在添加动作、声音、效果以及复杂剪辑时进行准确的处理。

6.1.1 为素材设置标记点

在素材【源监视器】窗口中设置标记点，在【源监视器】窗口中选中要设置标记的素材，拖动素材【源监视器】窗口时间指针到需要设置标记位置，点击【源监视器】窗口标记  按钮直接为素材添加标记。使用快捷键"M"，可快速建立标记。在菜单栏选择标记、添加标记命令也可以为素材建立标记（如图6-1-1所示）。标记建立后，在时间标尺滑块处会成功添加一个标记点（如图6-1-2所示），并且在【时间轴】面板轨道的素材上会有标记对应显示（如图6-1-3所示）。

图6-1-1　标记菜单

图6-1-2　在【源监视器】窗口用标记按钮添加素材的标记

图6-1-3　在轨道素材和【源监视器】窗口添加标记

6.1.2 为序列设置标记点

在【节目监视器】窗口拖动时间滑块到需要设置标记点的位置，单击标尺下方的"添加标记"按钮█或快捷键"M"建立标记。在【节目监视器】窗口和序列面板的时间标尺上都会添加一个对应标记点，如图 6-1-4 和图 6-1-5 所示。

6.1.3 编辑标记

用鼠标双击标记点，弹出标记设置面板，如图 6-1-6 所示。可以为标记添加名称、进行描述、确定类型等。

6.1.4 使用标记点

需要时间线指针对齐标记点时，按住 Shift 键，拖动时间线指针左右迅速移动，可准确吸附到标记点位置，显示对齐。

用户可以利用标记点在素材与素材或者素材与时间标尺之间进行对齐。时间线窗口中的"吸附"功能被选中（默认），则时间线窗口中的素材在标记的有

图 6-1-4 【节目监视器】窗口建立标记

图 6-1-5 在序列面板显示标记

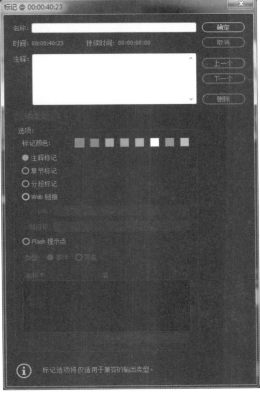

图 6-1-6 编辑标记

限范围内移动时，会出现提示线，提示素材已经靠齐标记，会停留在指定编号的标记点上（如图 6-1-7 所示）。

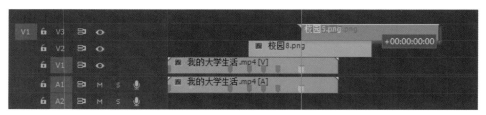

图 6-1-7　素材对齐标记

6.1.5　删除标记点

如果要删除某个标记点，在该标记点上单击鼠标右键，在弹出的快捷菜单（见图 6-1-1）中执行"清除所选标记"命令，即可删除该标记点。如果要删除标尺上的全部标记点，执行"清除所有标记"命令，即可删除标尺上所设置的全部标记点。

6.2　时间重映射（time remapping）效果

使用时间重映射效果，可以在一段素材上完成加速、减速、倒放、静止画面、正常播放等工作。

1. 添加时间重映射

导入"恍惚"文件，右键点选素材，在弹出菜单中选"显示剪辑关键帧 \ 时间重映射 \ 速度"命令（如图 6-2-1 所示）。

图 6-2-1　时间重映射命令

2. 时间重映射控制

纵向放大时间线上的素材关键帧可控区域，中部黄线为速度控制线，黄线上面浅色部分是快放区域，黄线下面深色部分是慢放区域，最上部白色区域为速度控制轨道，如图 6-2-2 所示。

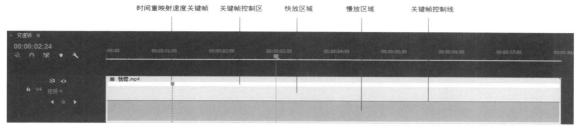

图 6-2-2 时间重映射控制

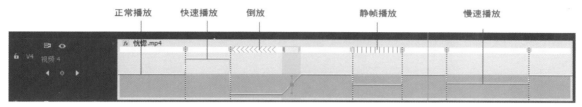

图 6-2-3 时间重映射关键帧

3. 建立关键帧

使用钢笔工具，点击关键帧控制线，在白色控制轨添加关键帧。按住 Ctrl 键用钢笔工具拖动控制线向上进入灰色区域使播放速度加快，越向上越快；向下拖入紫色区域使播放速度减慢，越向下越慢。按住 Ctrl 键向右拖动关键帧，可产生倒放效果。按下 Ctrl+Alt 键并向右拖动关键帧，可产生静止画面效果。按住 Alt 键并左右拖动关键帧，可移动关键帧在时间线上的位置，如图 6-2-3 所示。

4. 分离关键帧

向左拖拽关键帧左半部分或向右拖拽关键帧右半部分，创建关键帧速率转换，旋转调整关键帧曲柄使速率变化过渡舒缓平和，如图 6-2-4 所示。

5. 移除时间重映射效果

在【效果控件】面板展开时间重映射效果，单击【切换动画】 ⏱ 速度 开关，将其设置为关闭状态，将删除所有时间重置关键帧，关闭时间重映射属性，如图 6-2-5 所示。

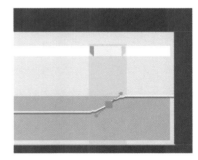

图 6-2-4 拆分关键帧

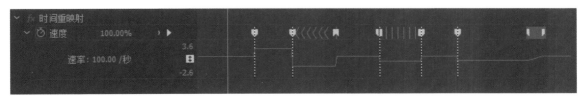

图 6-2-5 移除时间重映射

6.3 多摄像机剪辑

多摄像机剪辑是对多台摄像机录制的素材进行同步剪辑。利用多摄像机监视器，模拟摄像机的切换，可以同时监控编辑多台节目内容，可以使用多个视频和音频轨道同步剪辑。

多摄像机监视器同时在多个摄像机播放节目，当选择激活某摄像机后，该机位变为记录剪辑状态摄像机。摄像机在播放模式时，显示黄色边框；在记录模式时，显示红色边框，实时记录播放的内容。

6.4 序列嵌套

序列嵌套剪辑原理：在影片剪辑过程中，尤其是对片头、片花等复杂的剪辑，会使用大量的动作和效果，工作量大，剪辑费时费力，难度很大。有时还需要对某个剪辑片段的动作和效果进行多次重复引用。

复杂的剪辑，往往将一个序列作为素材片段插入到另一个序列中，这种方法叫序列嵌套剪辑，嵌套是一种简化操作步骤的好方法，可使复杂剪辑变得清晰、简单、顺畅、紧凑，使时间线简洁，便于对素材进行管理，精简制作过程，实现复杂的剪辑。

建立序列嵌套剪辑应该遵循以下原则：

◇项目中可以有多个序列，允许实现序列的多级嵌套，但序列不能完成自身嵌套。

◇嵌套序列素材片段起始的持续时间是引用的源序列的持续时间。

◇嵌套的序列显示的是源序列的完成状态，对源序列可以再修改，产生的变化会实时自动反映到上级剪辑序列中。

6.5 综合动作剪辑案例

6.5.1 多机位剪辑——大学最后一课【点名】

（1）时间轴线准备，建立新的序列，命名为"最后一课"。把多机位拍摄的、欲多机位剪辑的"点名音视频"素材1、2、3纵向叠加添加到时间线轨道上，如图6-5-1所示。

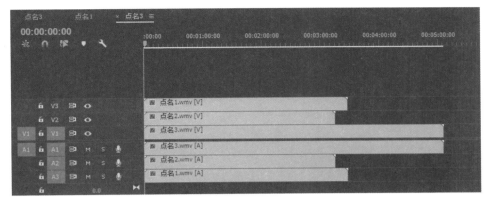

图6-5-1 多机位纵向排列

（2）多机位剪辑必须对素
材进行同步处理。框选全部素
材，激活目标轨。用鼠标右键
在弹出的菜单中选择"同步"
命令，如图6-5-2所示。在
弹出的同步菜单中选择【音
频】同步于轨道声道1的声音
选项，如图6-5-3所示。轨
道上的所有素材均以轨道1上
的素材"点名3"的声音为依
据错位排列，保证声音的一致
性，如图6-5-4所示。

图6-5-2 启用同步菜单　　　图6-5-3 音频同步于轨道声道1

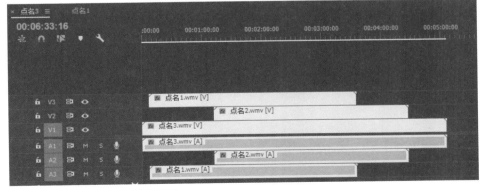

图6-5-4 以声音为依据错位排列

图 6-5-5　序列嵌套

图 6-5-6　激活多摄像机

（3）多摄像机剪辑需要使用序列嵌套技术。创建一个新的序列，命名"多机位点名剪辑"，在该序列中导入上面的"点名"序列进行嵌套处理，如图 6-5-5 所示。

（4）进行多机位编辑，要使用多机位监视器模式。用鼠标右键点选轨道序列素材，在弹出菜单中选择"【多机位】→【启用】"命令，激活多摄像机，如图 6-5-6 所示。当轨道的序列素材上出现"MC1"字样，说明多机位被激活了，如图 6-5-7 所示。

（5）开启多机位剪辑窗口，如图 6-5-8 所示。

左击【节目监视器】面板右下角的"+"，在对话框里，选择"切换多机位视图"按钮，按住鼠标左键，拖到按钮栏里，点击"确定"。以后可以在按钮栏里随时开关多机位剪辑窗，如图 6-5-9 所示。

也可以点击"节目"面板右下角的设置按钮，展开对

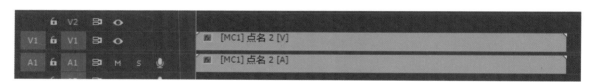

图 6-5-7　多摄像机激活显示

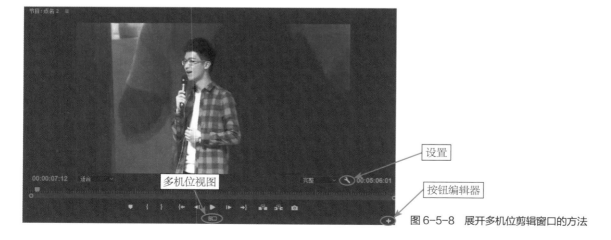

图 6-5-8　展开多机位剪辑窗口的方法

图 6-5-9 添加多机位按钮

话框，选择"多机位"，如图 6-5-10 所示。

【节目监视器】面板变成多机位剪辑窗口，该窗口分为两个部分，左侧为多摄像机待编辑的多幅小画面同步素材。在当前摄像机播放时，显示黄色边框，记录模式下为红色边框；从右侧剪辑监视窗口，可观看剪辑过程和剪辑结果。单击 ▶ "播放－停止切换"箭头按钮，开始录制。在录制过程中，使用鼠标点选左侧待编辑的任意一个小画面后，所选画面变为红色框，表示为当前被剪辑录制的画面。可以边监视画面边选择需要的画面，也可以按画面排列顺序，使用数字键来选择画面，直到录制完毕；或点击"播放－停止切换"按钮，停止录制。

完成多摄像机剪辑后，所选择剪辑的素材会自动排列在时间线轨道上，如图 6-5-11 所示。

图 6-5-10 激活多机位窗口

图 6-5-11 多摄像机剪辑

图 6-5-12　多摄像机剪辑结果

完成多摄像机剪辑后，所选择剪辑的素材会自动排列在时间线轨道上。可以使用"工具栏"的编辑工具，精确调整相邻素材的时间长度，如图 6-5-12 所示。

6.5.2　序列嵌套——滚轮风车

（1）建立项目，打开新建序列窗口，设定该序列为 PAL 制式，视频分辨率为 720×576 像素，像素纵横比 1.094，每秒 25 帧，音频采样率为 48000Hz，命名为"滚轮风车"。

（2）导入素材，在项目面板上打开导入对话框，导入"风车""风车轮"和"女孩"图片素材。

（3）建立"风车"序列，用鼠标从项目面板上拖动"女孩""风车""风车轮"图片文件到项目面板右下部的【新建项】按钮图标，以女孩图片大小建立一个新的序列，命名为"风车"，如图 6-5-13 所示。

在序列面板上打开"风车"序列，将"风车"图片素材持续时间长度调整

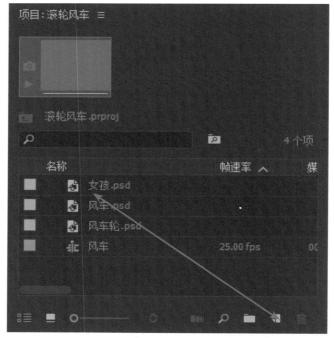

图 6-5-13　导入图片文件

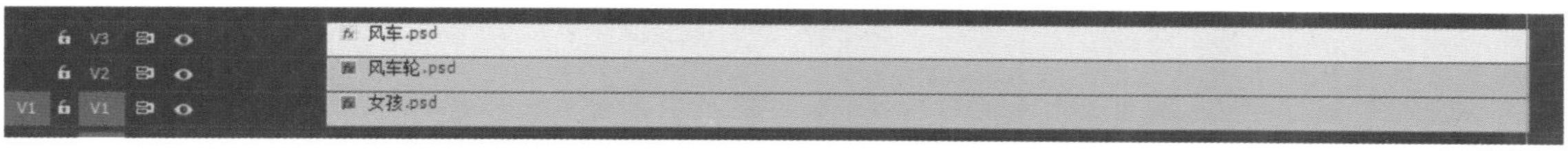

图 6-5-14　风车序列

为 15 秒，如图 6-5-14 所示。

（4）用鼠标左键选择风车图片素材，单击效果控件标签，打开【效果控件】面板，设定运动属性。锁定比例复选框为选择状态，更改缩放属性参数为 8，缩小风车比例；调整风车位置为 185，215。确定时间指针在 00:00:00:00 位置，单击旋转的切换动画开关按钮，添加关键帧，设置参数为"0"，移动时间指针到 00:00:15:00 位置，单击旋转导航中的添加、移除关键帧按钮，加入关键帧，设置参数为"30×180 度"，建立旋转的第二个关键帧，完成纸风车转动的动画，如图 6-5-15 所示。

（5）从"风车"序列中，选择"风车"素材，按住 Alt 键，向上面的轨道依次拖动，连续 3 次。在 4-6 轨道复制 3 次"风车"素材，如图 6-5-16 所示。

（6）依次选择"风车"素材，打开【效果控件】面板，激活运动属性。使用箭头工具移动"风车"素材放置在圆形风车架的支点位置。注意修饰风车的排列布局，使其美观舒展，如图 6-5-17 所示。

图 6-5-15　设定风车旋转动画

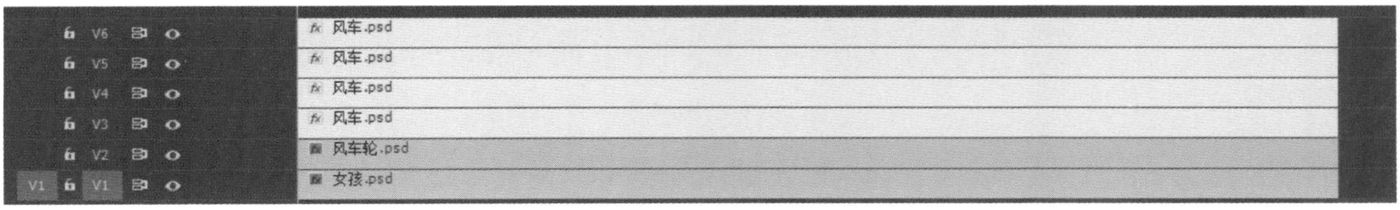

	V6			风车.psd
	V5			风车.psd
	V4			风车.psd
	V3			风车.psd
	V2			风车轮.psd
V1	V1			女孩.psd

图 6-5-16　风车及风车轮背景布局

图 6-5-17　多个风车在风车架的布局

图 6-5-18　调整风车旋转角度

图 6-5-20　使用嵌套命令

（7）点击预览播放，可以看到所有风车在风车架上转动的角度完全一致。打开【效果控件】面板，激活运动属性，修饰风车旋转的参数值，错开动画旋转角度，避免动画形式完全相同，使风车转动更符合自然规律，如图 6-5-18 所示。

（8）建立风车的合成序列

用鼠标框选风车和风车轮素材，如图 6-5-19 所示。

点击鼠标右键，在弹出菜单中选择嵌套命令，如图 6-5-20 所示。

使鼠标风车和风车轮组成一个新的序列，命名为"风车轮嵌套序列"，如图 6-5-21 所示。

（9）选择"风车轮嵌套序列"，激活【效果】控件面板，选择"运动"选项，观看风车布局。"风车轮"的锚点在画面的中心与"风车轮"转动的轴心点不一致，如图 6-5-22 所示。

（10）激活【效果控件】面板，修整锚点参数值，设定轴心点为 243 和 233；位置为 260 和 361。调整锚点与风车架子轴心，使它们处在同一个中心位置，如图 6-5-23 所示。

（11）放大【节目监视器】预览缩放级别为 200 比例，检查锚点位置，如图 6-5-24 所示。

图 6-5-21　风车轮序列嵌套

图 6-5-22　锚点与风车轮轴心错位

图 6-5-23　定位点和位置参数的调整

图 6-5-24　定位点与风车轴心处在同一中心点

（12）选择"风车轮"序列素材，激活【效果控件】面板，确定时间指针在 00:00:00:00 位置，单击"风车轮"旋转的切换动画开关按钮，添加关键帧，设置参数为 0，移动时间指针到 00:00:15:00 位置，单击位置导航中的添加、移除关键帧按钮，加入关键帧，设置参数为 6×80 度，建立风车自转和围绕风车架子公转动画，预览风车的旋转运动效果，如图 6-5-25 所示。

制作至此完成，此方法实现了风车的自转和随风车轮的同时转动，这是嵌套方法的典型案例，一般正常剪辑无法实现。嵌套既可以完成复杂剪辑，也提高了剪辑效率。

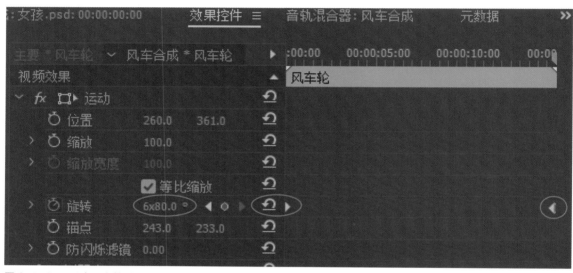

图 6-5-25　设定风车旋转关键帧动画参数

第 7 章

声音编辑以及音频特效

课程学习要点：

影视剪辑是音画结合的艺术，将画面和声音完美地结合有助于更好地表达作品的内涵意义。对于一部完整的影视作品来说，声音剪辑是不可或缺的，无论是同期配音还是后期配音，都能够更好更准确地传达信息。本章对如何使用 Premiere Pro CC 为影视作品添加声音效果、进行音频剪辑的基本操作和理论规律进行了详细的介绍。

- 音频基本知识
- 音频素材的添加与设置
- 音频剪辑混合器与音轨混合器
- 音频的实时调节
- 录音和子音轨
- 添加音频特效
- 基本声音面板设置
- 综合练习——新闻配音制作

7.1 音频基本知识

音频处理是影片剪辑过程中非常重要的部分，一般来说，影视剪辑的声音包括人声、解说、音乐和音响等。下面将介绍与音频剪辑相关的基本概念。

音量：音量是声音的重要属性之一，用来表示声音的强弱程度。音量越大，声波的振幅就越大，音量的单位是分贝。

音调：音调是声音的一个重要的物理属性，也就是通常所说的"音高"。音调的高低决定于声音频率的高低，频率越高音调越高。当我们需要达到某种特殊效果的时候，需要将声音频率设置为变高或者变低。

噪音：噪音是音高和音强变化混乱的声音，是一种听起来不和谐的声音，对人们正常听觉造成一定的干扰。噪音不仅由声音的物理特性决定，而且还与人们的生理和心理状态有关。

动态范围：是声音在播放时在不失真和高于该设备固有噪声的情况下，所能承受的最大音量的范围，通常以分贝表示，人耳所能承受的最大音量为 120 分贝。

静音：静音就是无声，无声是一种具有积极意义的表现手段，在影视作品中通常用来渲染某些气氛和心情，如恐惧、不安、孤独以及内心极度空虚等。

失真：失真又称"畸变"，指信号在传输过程中与原有信号或标准信号相比所发生的偏差。一般分为非线性失真和线性失真两种。非线性失真是指声音在录制加工后出现了一种新的频率。而线性失真则没有产生新的频率，但是原有声音的比例发生变化，要么增加了高频成分的音量，要么减少了低频成分的音量等。

增益：增益一般来说就是放大倍数，通过调整音响设备的增益值，使系统的信号电平处于一种最佳的状态之中。

7.2 音频素材的添加与设置

在 Premiere Pro CC 时间线窗口中，音频轨道最多可以添加至 99 轨道，可以使用调音台来对各路音频轨道进行编辑。音频编辑时间线位于视频编辑时间线的下方，在默认情况下，通常配置 3 个独立的音频轨道，如图 7-1-1 所示。

7.2.1 音频素材的添加方式

1. 素材本身含有的音频部分

拍摄的视频素材一般都有同时录制的现场声音，在添加视频的同时，由于

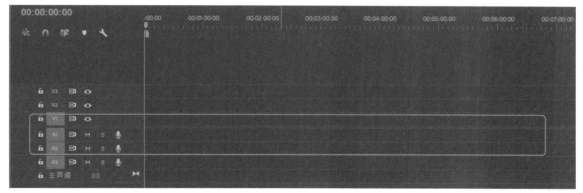

图 7-1-1 默认情况下显示 3 个独立音频轨道

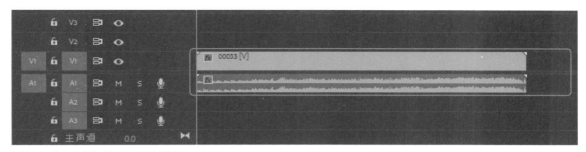

图 7-2-1 音频与视频是相互关联的

音频和视频相互关联，音频也一起导入到时间线音频轨道上，如图 7-2-1 所示。

　　剪辑视频时对应的音频也将同时被剪辑，移动视频时，关联的音频也将同步移动，若要解除两者之间的关联，只需要选取该素材，点击鼠标右键，在弹出的快捷菜单中，选择【取消链接】命令，如图 7-2-2 所示。

图 7-2-2 【取消链接】命令

　　解除链接后，便可以分别处理音频和视频，如可将音频部分移动到新的位置进行编辑，如图 7-2-3 所示。

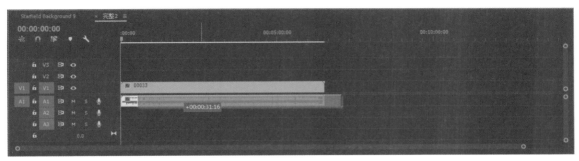

图 7-2-3 单独编辑音频位置

2. 添加独立的音频素材

Premiere Pro CC 支持的音频格式很多，只要是能导入到项目面板中去的
音频素材，都可以添加到音频轨道上，如后缀为 WAV、ASF、WMA、MP3
等的音频素材。

7.2.2 调整音频长度和速度

首先调整音频素材在时间线上的长度，可称之为持续时间，通常有以下两
种方法：

1. 在源素材窗口中截取

双击音频素材，在素材预览窗口中出现音频素材的波形，如图 7-2-4
所示。

如需截取其中一段音频，可通过添加入点和出点进行截取，如图 7-2-5
所示。

2. 直接在音频时间线轨道上截取所需长度

可以使用鼠标左键拖拉音频素材截取所需长度，或者用剃刀工具进行切割，
如图 7-2-6 所示。

在截取好所需音频后，如果我们需要对其进行速度或持续时间的设置，需

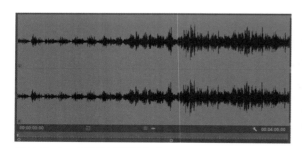

图 7-2-4 音频素材预览波形

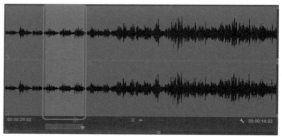

图 7-2-5 截取其中一段音频素材

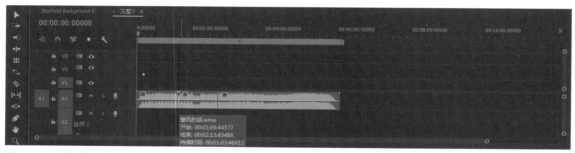

图 7-2-6 在音频轨道上进行音频截取

要选中音频轨道上的音频素材，单击鼠标右键，在弹出的快捷菜单中选择【速度 / 持续时间】命令，通过修改速度的百分比或者持续时间来对音频进行编辑，如图 7-2-7 所示。在弹出的【速度 / 持续时间】设置对话框中，可以调整音频的速度或在【保持音频音调】前打对勾，如图 7-2-8 所示。此外，还可以进行调整增益和左右声道等设置，如图 7-2-9、图 7-2-10 所示。

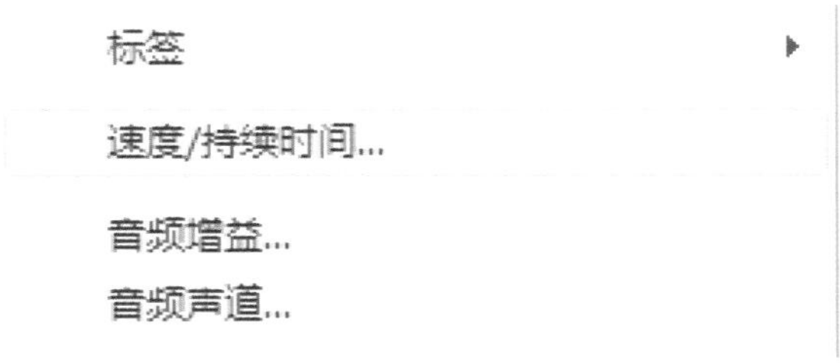

图 7-2-7 【速度 / 持续时间】命令

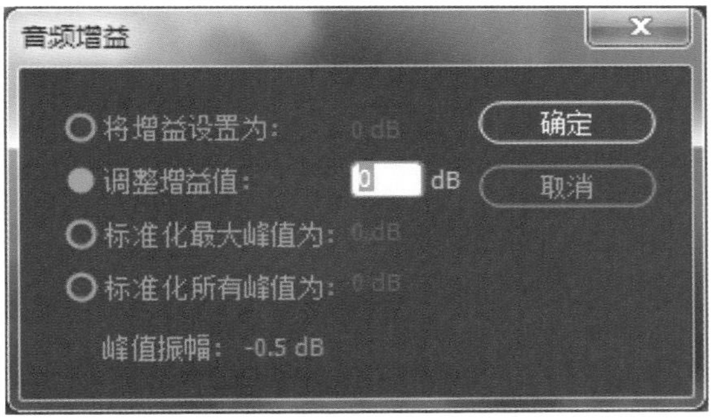

图 7-2-8 【速度 / 持续时间】设置对话框

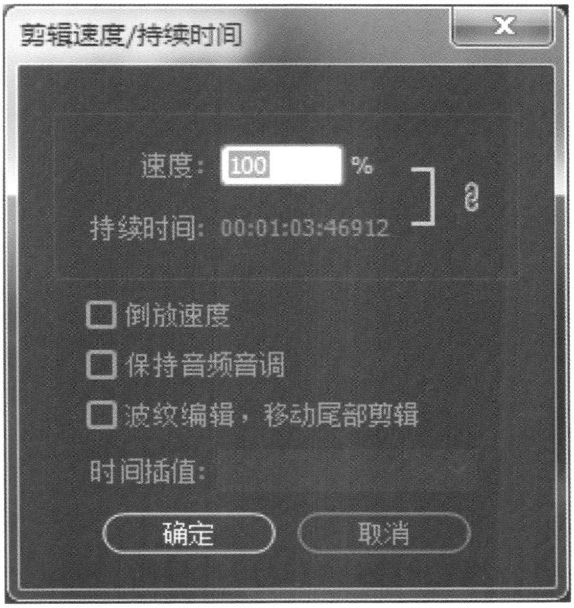

图 7-2-9 【音频增益】命令

图 7-2-10 【音频声道】命令

7.3 音频剪辑混合器与音轨混合器

7.3.1 认识【音频剪辑混合器】面板

【音频剪辑混合器】面板可以实时混合【序列】面板中各轨道的音频对象，有效地调整影片剪辑的音量与声像。还可以调整素材的音量、声道音量和剪辑平移，如图7-3-1所示。

【音频剪辑混合器】面板中的音量控制器用于调节轨道上素材的音量，【音频1】对应音频1轨道素材，【音频2】对应音频2轨道素材，依此类推。音频剪辑混合器的数量由轨道面板中音频的轨道数量决定。当在轨道面板中添加音频轨道时，音频剪辑混合器面板中也将自动添加一个音量控制器与其对应，如图7-3-2所示。

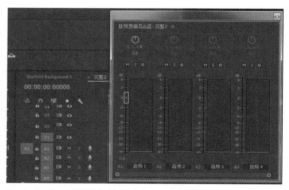

图7-3-2　时间线与轨道音频相对应

音频剪辑混合器由控制按钮、声道平衡器及音量调节按钮组成。

1. 控制按钮

音频剪辑混合器的控制按钮可以控制音频播放时的状态。

【静音轨道】✕：选中该按钮，所在轨道音频会设置为静音状态。

【独奏轨道】✕：选中该按钮，只播放所在轨道的音频，而其他未选中独奏按钮的轨道音频均为静音状态。

【写关键帧】✕：用来调节音频的音量高低，结合音频轨道的剪辑关键帧使用，具体使用方法如下：

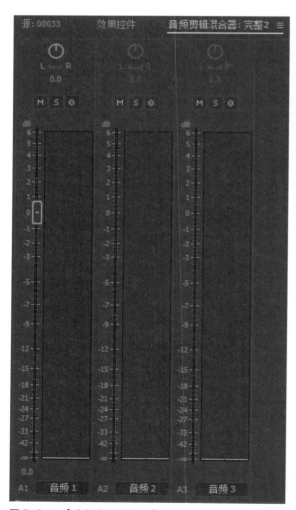

图7-3-1　【音频剪辑混合器】面板

◇激活音频轨道上的"剪辑关键帧"，并在音频轨上添加多个关键帧，如图7-3-3所示。

◇激活音频剪辑混合器中的写关键帧按钮，点击播放按钮✕，在播放的同时调节音频剪辑混合器轨道1的音量调节滑块，调节结束后，可在音频轨道上看到刚才调节过程中生成的关键帧，如图7-3-4所示。

2．声道平衡器

如果对象为双声道音频，可以使用声道平衡器调节播放声道。向左拖拽滑轮，输出到左声道（L）的声音增大；向右拖拽滑轮，输出到右声道（R）的声音增大，声道调节滑轮如图7-3-5所示。

3．音量调节滑块

通过音量调节滑块可以控制当前轨道音频对象的音量，向上拖拽滑块，可以增大音量，向下拖拽滑块可以减小音量。下方数值栏中显示当前音量，用户也可直接在数值栏中输入声音分贝值。播放音频时，面板右侧为音量表，显示音频播放时的音量大小；音量表顶部的小方块表示系统所能处理的音量极限，当方块显示为红色时，表示该音频音量超过极限，音量过大，如图7-3-6所示。

使用主音频控制器可以调节【序列】面板中所有轨道上的音频对象，主音频控制器使用方法与轨道音频控制器相同。

7.3.2 认识【音轨混合器】面板

音轨混合器面板和音频剪辑混合器面板比较相似，在音轨混合器中，可在听取音频轨道和查看视频轨道时调整设置，每条音轨混合器轨道均对应于活动序列时间轴中的某个轨道，并会在音频控制台布局中显示时间轴音频轨道。通过双击轨道名称可将其重命名，还可使用音频轨道混

图 7-3-3　添加音频剪辑关键帧

图 7-3-4　调节过程中生成的关键帧

图 7-3-5　声道调节滑轮

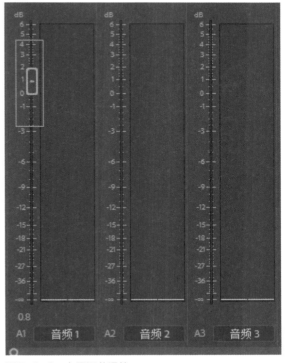

图 7-3-6　音量调节滑块

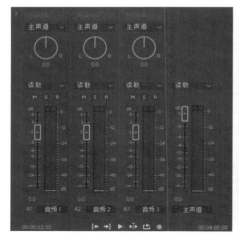

图 7-3-7　音轨混合器面板

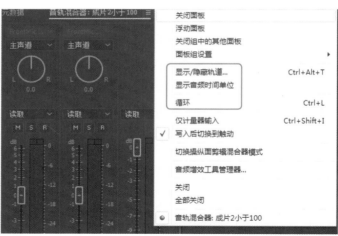

图 7-3-8　个性化设置菜单

图 7-3-9　隐藏【音频 3】轨道

合器直接将音频录制到序列的轨道中，如图 7-3-7 所示。

　　和其他面板一样，音轨混合器面板也能够根据用户的实际使用需求进行个性化的设定。单击音轨混合器面板右上角处的面板设置按钮，在弹出的子面板中可就其中的相关选项进行个性化的设置，如图 7-3-8 所示。

　　1.　显示 / 隐藏轨道

　　该命令可以对【音轨混合器】面板中的轨道进行隐藏或者显示设置。选择该命令，在弹出的如图 7-3-9 所示的设置对话框中，取消【音频 3】的选择，单击【确定】按钮，此时会发现音轨混合器面板中【音频 3】已隐藏。

　　2.　显示音频单位

　　该命令可以在时间标尺上以音频单位进行显示（如图 7-3-10 所示），此时会发现时间线和【音频混合器】面板中都

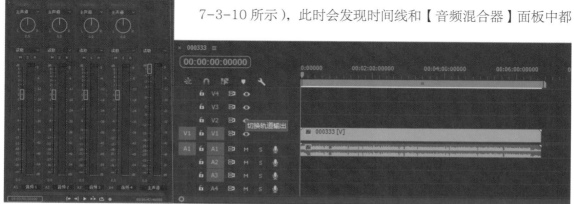

图 7-3-10　显示音频时间单位

是以音频单位进行显示的。

3. 循环

当被激活时，点击播放按钮，播放方式为循环播放。

在编辑音频的时候，一般情况下以波形来显示图标，这样可以更直观地观察声音变化的状态，使用鼠标选择音频轨道，滚动鼠标滑轮即可在图标上显示音频波形，如图 7-3-11 所示。

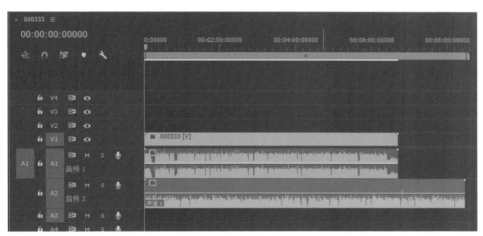

图 7-3-11　显示波形

4. 播放控制器

播放控制器（如图 7-3-12）能够控制音频预览的播放或终止，能够改变时间线的位置以及改变播放顺序或者进行录音等。在播放控制器中，总共有六个工具供后期编辑者使用。

图 7-3-12　播放控制器

◇跳转到上一入点 ：可以使时间线直接跳转到上一入点。

◇跳转到下一出点 ：可以使时间线直接跳转到下一出点。

◇播放／停止 ：可以控制预览过程的播放或停止。

◇播放入出点之间的内容 ：当该工具处于被激活状态时，点击播放／停止按钮，将会只播放时间线所在入出点之间的内容。

◇循环播放 ：当该工具处于被激活状态时，点击播放／停止按钮，将会进行循环播放。

◇录音工具 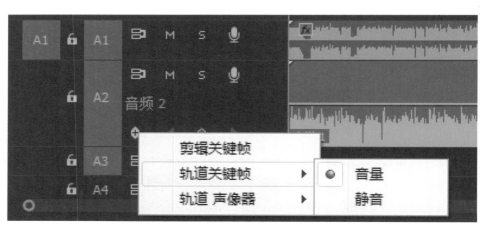：通过该工具与录音激活工具配合应用，能够使用调音台在音频轨道中进行实时录音。

7.4　音频的实时调节

对于音频素材相关属性的调节过程非常复杂，因为不同段落及内容，对于音频形式的要求都不尽相同，所以需要有针对性地进行处理。针对这一情况，Premiere Pro CC 提供了音频调节过程的实时记录功能，为音频的后期剪辑提供了极大的便利。

7.4.1　使用淡化器调节音频

在音频轨道控制面板左侧单击【显示关键帧】╳按钮，可以在弹出的菜单中选择音频轨道的显示内容。如果要调节音量，可以选择【轨道关键帧】，弹出【音量】命令，如图 7-4-1 所示。

在【工具】面板中选择【钢笔工具】╳，可在音频素材的白线上点击，每点击一次添加一个关键帧，调整关键帧的位置和高度，即可控制音量的高低起伏。如图 7-4-2 所示，在开始位置将音量设置为 0，可以达到淡入的效果。

图 7-4-1　显示素材或轨道音量

图 7-4-2　使用钢笔工具调整音量

7.4.2 实时调节音频

在【音轨混合器】面板上，单击"自动模式"选择菜单，在弹出的下拉菜单中选择所需要的自动模式。其中"自动模式"包括"关""读取""闭锁""触动""写入"五种模式，如图7-4-3所示。

图7-4-3 设置自动模式

关：在该模式状态下，系统会忽略当前音频轨道上的调节，仅按照默认的设置进行播放。

读取：选择该模式，系统会读取当前音频轨道上的调节效果，但之后所做的调节操作将不会被写入。

闭锁：该模式具备自动写入功能。当使用该模式时，每调节一次，音量滑块或旋钮会停留在所调节的最后位置上。点击停止按钮时，滑块或旋钮会回到音频设置的默认位置上。

触动：该模式具备自动写入功能。在该模式下，每调节一次后，滑块或旋钮都会回到初始位置上。

写入：该模式具备自动写入功能。通常而言，在记录音频调节过程时，使用"写入"模式即可。在该模式下，每调节一次滑块或旋钮，都将停止在最后一次的调节位置上。

7.5 录音和子音轨

Premiere Pro CC版本极大地提升了对于音频处理的能力，同时也大大简化了编辑的过程。其中很重要的表现就是Premiere Pro CC中的录音功能。在Premiere Pro CC中的调音台面板中，可以对其音轨添加子音轨，制作更加丰富的音响效果。

7.5.1 制作录音

要使用Premiere Pro CC的录音功能，首先必须保证计算机的音频输入装置被正确连接。通过音频轨道的画外音录制按钮✕进行录音，点击音频轨的画外音录制按钮即可进行录制，录制好的音频可以同步在轨道中显示，也可通过音轨混合器进行录制，下面就音轨混合器录制进行详细介绍。

◇激活要录制音频轨道的✕按钮，激活录音装置后，上方会出现音频输入的设备选项，选择输入音频的设备即可，如图7-5-1所示。

◇激活面板下方的"录制"按钮，如图7-5-2所示。

图 7-5-1 激活录音按钮

图 7-5-2 录制按钮

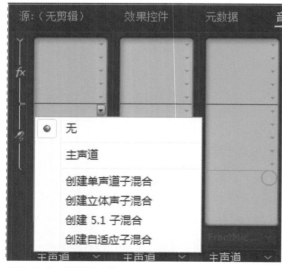

图 7-5-3 创建子音轨

◇点击面板下方的"播放"按钮,进行解说或者演奏即可;按×按钮即可停止录制,当前音频轨道上会出现刚才录制的声音。

7.5.2 添加子轨道

在 Premiere Pro CC 的每条音轨中,都可以在其音轨混合器中添加子音轨。通过添加子音轨,能够提升音频信息的表达效果,增强艺术感。

添加子音轨的方法如下:

◇在调音台左上方边框上有一个×按钮,用鼠标单击该三角图标,打开特效和子音轨设置栏,下边的×区域为子音轨区域。单击子音轨区域后的小三角,会弹出相应的下拉菜单,如图 7-5-3 所示。

◇在下拉菜单中选择添加的子音轨的轨道类型。可以添加【单声道子混合】【立体声子混合】【5.1 子混合】或者【自适应子混合】的子音轨。选择子音轨类型后,单击便可为当前音频轨道添加子音轨。

◇单击子音轨调节栏右上方的×图标可以屏蔽当前子音轨,如图 7-5-4 所示。

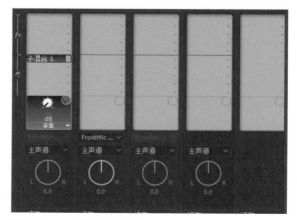

图 7-5-4 屏蔽当前子音轨

7.6 添加音频特效

Premiere Pro CC 作为一款专业级别的非线性编辑软件，除给我们提供了强大的视频编辑能力外，还为编辑者提供了强大的音频编辑功能。其中重要的一个方面便是能够为音频加入特效。在 premiere Pro CC 中提供了多种音频效果，通过这些效果可以实现降噪、回声等多种特殊音效，而通过安装相应插件还可以实现更多个性化的音频特效。

7.6.1 为素材添加特效

为轨道当中的音频素材添加效果与添加视频特效的方法大体相同，但需要注意区分音频效果与音频过渡（如图 7-6-1 所示）。音频效果就是通过添加相应的特效使得音频产生相应的变化，具备更好的艺术表现力；而音频过渡即为音频与音频之间的转场效果。

图 7-6-1　效果面板

具体操作步骤为：在编辑过程中，在【效果】面板内找到要添加的效果类型，如图 7-6-2 所示，并选择其中的某一效果，使用鼠标拖拽操作，将该效果拖拽至目标素材上，释放鼠标后该效果添加完成。

图 7-6-2　选择效果

7.6.2 添加并设置轨道特效

Premiere Pro CC 不仅可以为轨道上的音频素材添加特效，还可以直接为音频轨道添加特效。在音轨混合器上单击左侧设置栏上的小三角，看到效果按钮✕，单击效果设置栏中的下拉按钮，如图 7-6-3 所示，选择需要使用的音频特效即可。我们可以在同一个音频轨道上同时添加多个特效，并可以分别进行控制，如图 7-6-4 所示。也可以对所选特效进行调节设置，用鼠标右击要调节的效果，如图 7-6-5 所示。在菜单中单击【编辑】按钮，可以弹出特效设置对话框进行设置，如图 7-6-6 所示是立体声扩展器的详细编辑面板。

图 7-6-3 选择音频特效

图 7-6-4 添加多个音频特效

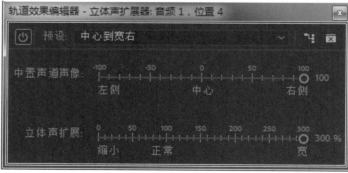

图 7-6-5 设置音频特效 图 7-6-6 【轨道效果编辑器】对话框

7.6.3 音频效果简介

在【效果】面板中，音频特效的种类有很多，这里我们介绍一些比较典型的音频效果。

◇多功能延迟：可在音乐中产生同步和重复的回声效果

◇用右（左）侧填充左（右）侧：立体声中，利用右（左）声道去填充或覆盖左（右）声道里的音频。

◇平衡：改变左右声道的音量大小。

◇低音：调节音频中的低音部分，消弱高频部分的影响。

◇反转：将音频所有通道的相位（Phase）倒转。

◇参数均衡器：通过控制音频中的频率成分再来整音频输出效果。

◇室内混响：模拟声音在房间内的效果和氛围。

◇科学滤波器：主要用来限定某些频率音频的输出。

7.7 基本声音面板设置

基本声音面板属于 Premiere Pro CC 新增的功能，通过该面板，剪辑人员能够轻松处理面向项目的混合技术，而无需音频专业知识。基本声音面板是 Premiere Pro CC "音频" 工作区的一部分。使用此面板，可以轻松指定音频剪辑是音乐、SFX、对话还是环境，将选择直接提供给适合所做选择的音频参数，这样可以快速实现最佳声音效果。

7.7.1 基本声音面板简介

基本声音面板提供了一些简单的控件，用于统一音量级别、修复声音、提高清晰度，以及通过添加特殊效果来帮助视频素材达到专业音频混音的效果。还可以将应用的调整另存为预设，以供重复使用。Premiere Pro CC 可将音频剪辑分类为 "对话" "音乐" "SFX" 或 "环境"，还可以配置预设并将其应用于类型相同的一组剪辑或多个剪辑。可以通过 "窗口" – "基本声音" 打开基本声音面板，如图 7-7-1 所示。

图 7-7-1 基本声音面板

7.7.2 基本声音面板的设置

1. 统一音频中的响度

首先在基本声音面板中，选择剪辑类型，如对话、音乐、SFX 或环境，如图 7-7-2 所示。

这里我们以 "音乐" 类型为例，其他类型与此相同。选择基本声音面板中的 "音乐" 类型，打开音乐的相关设置，要在

图 7-7-2 选择剪辑类型

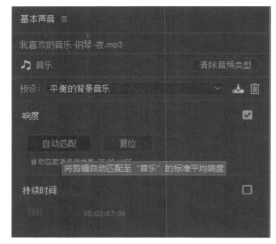

图 7-7-3　响度设置成自动匹配

整个剪辑中统一响度级别，展开"响度"并单击"自动匹配"，如图 7-7-3 所示。

2. 设置对话类型

如果剪辑包含对话音频数据，可以使用基本声音面板中"对话"选项卡下的选项，通过降低噪音、隆隆声、嘶嘶声和齿音来修复声音。

首先将音频添加到音频轨道，选择音频剪辑，在基本声音面板中，选择"对话"作为剪辑类型，打开对话类型设置窗口（如图 7-7-4 所示）。选中"修复"复选框并展开该部分，对音频文件进行声音的修复（如图 7-7-5 所示）。

选择要更改的属性所对应的复选框，然后使用滑块在 0 到 10 之间调整以下属性的级别：

◇ 减少杂色：降低背景中不需要的杂音（例如工作室地板声音、麦克风背景噪声和咔嗒声）。

◇ 降低隆隆声：降低低于 80 Hz 范围的超低频噪音，例如轮盘式电动机或动作摄像机产生的噪音。

图 7-7-4　对话设置面板

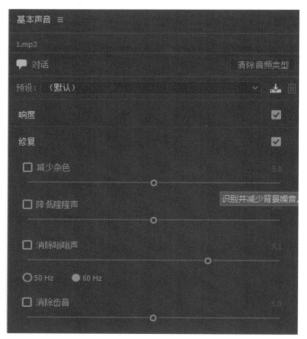

图 7-7-5　打开修复对话框

◇消除嗡嗡声：这种噪音由 50 Hz 范围（常见于欧洲、亚洲和非洲）或 60 Hz 范围（常见于北美和南美）中的单频噪音构成。例如，由于电缆太靠近音频缆线放置而产生的电子干扰，就会形成这种噪音。

◇消除齿音：减少刺耳的高频嘶嘶声。例如，在麦克风和歌手的嘴巴之间因气息或空气流动而产生"s"声，从而在人声录音中形成齿音。

设置完修复后，为提高音频清晰度，打开透明度对话框，如图 7-7-6 所示。

选中您要更改的属性所对应的复选框，然后使用滑块在 0 到 10 之间调整以下属性的级别：

◇动态：通过压缩或扩展录音的动态范围，更改录音的影响。可以将级别从自然更改为集中。

◇EQ：降低或提高录音中的选定频率。可以从 EQ 预设列表中进行选择，这些预设可随时在音频上测试和使用，并且使用滑块调整相应的数值，如图 7-7-7 所示。

◇增强语音：选择"男声"或"女声"作为对话的声音，以恰当的频率处理和增强该声音。

在"创意"选项中可以对音频所处环境进行设置，如图 7-7-8 所示。

3. 设置音乐类型

拉伸音乐剪辑以适合持续时间。选择音频剪辑，然后选择"窗口"－"基本声音"－"音乐"。在"持续时间"下，选择"拉伸"。在"目标"框中，键入拉伸后的音频剪辑的所需长度即可。

4. 设置 SFX 类型

SFX 可形成某些幻觉，比如音乐源自工作室场地、房间环境或具有适当反射和混响的场地中的特定位置。选择音频素材，选择基本声音面板中的"SFX"。要设置混响效果，旋开

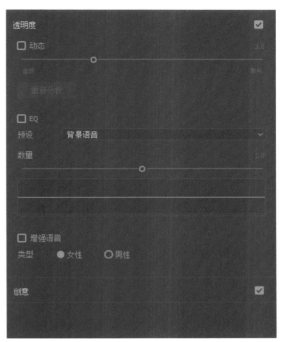

图 7-7-6　透明度对话框

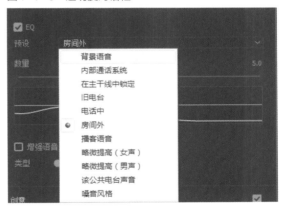

图 7-7-7　设置 EQ 预设

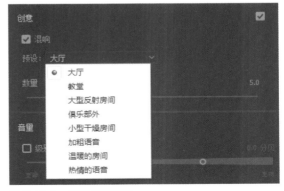

图 7-7-8　设置创意预设

"创意"下的"混响"旋钮。在"预设"框中，根据需要选择混响预设，同时调整"数量"的值来设置混响的效果，如图 7-7-9 所示。

5. 设置环境类型

可通过该类型设置音频素材环境。选中音频素材，打开基本声音面板，点击选择"环境"选项。打开环境对话框（如图 7-7-10 所示），可以选择混响中预设的类型来设置音频素材。

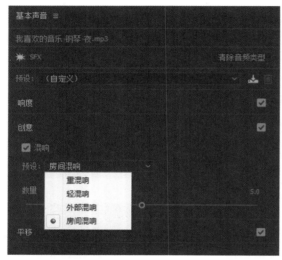

图 7-7-9　SFX 混响设置

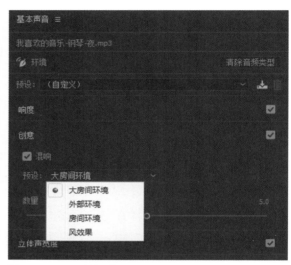

图 7-7-10　环境混响设置

6. 创建预设

在剪辑中我们通常会将常用的音效设置进行存储，以便使用时可直接引用。在基本声音面板中对各个类型声音的设置都可用来存储预设。下面以"对话"为例进行说明。

选中音频素材，打开基本声音面板中的"对话"，设置预设为"在大型房间中"，如图 7-7-11 所示。点击右边"存储预设"按钮，打开存储预设对话框，如图 7-7-12 所示。

存储完的预设，我们可以在预设 - 对话菜单下看到刚才存储的"空旷的房间"预设，下次在剪辑音频时即可直接选择使用，如图 7-7-13 所示。

7.8　综合练习——宣传片配音制作

非线性编辑系统的出现为媒体工作者带来了极大的便利，尤其是对于新闻

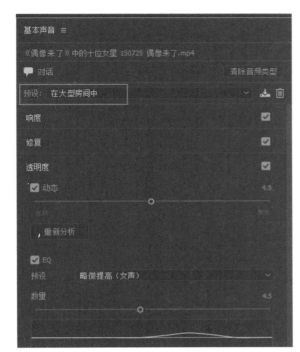

图 7-7-11 设置预设

图 7-7-12 存储预设

图 7-7-13 使用存储的预设

工作者而言，无论是视频画面的采集编辑还是对音频信息的处理，非线性编辑软件都发挥了重大的作用。尤其是在 Premiere Pro CC 中提供了强大的音频处理系统，大大提高了新闻消息的时效性。在下面的内容中，我们将以"宣传片"为例，在实例中综合练习 Premiere Pro CC 的音频处理功能。

1. 新建项目

首先启动 Premiere Pro CC，在"欢迎界面"中点击新建项目。随后弹出项目面板，在该面板中对项目存储的路径进行设置，同时将项目命名为"宣传片"，然后点击确定（如图7-8-1 所示）。

2. 导入素材

将光盘内的相关视频素材导入到素材库内，并在素材库内对视频素材进行重命名。

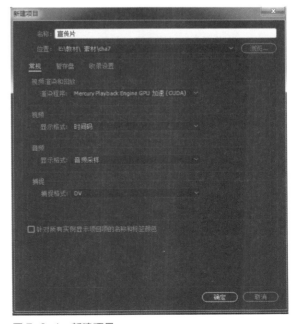

图 7-8-1 新建项目

图 7-8-2　导入视频素材

图 7-8-3　新建序列

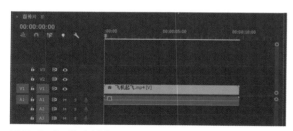

图 7-8-4　将素材库导入至序列内

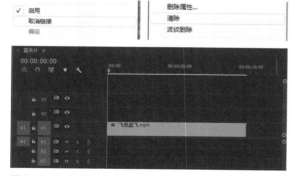

图 7-8-5　解除视音频链接

双击素材库的空白处后弹出了导入对话框，在对话框中按照素材的存储路径选择素材。选中后单击打开按钮，完成素材的导入（如图 7-8-2 所示）。

根据素材大小建立一个和素材设置相同的序列，命名为"宣传片"（如图 7-8-3 所示）。

3. 进行音画分离

将视频素材导入至序列中，对拍摄到的素材进行"音画分离"，把素材内原带的同期声与视频画面分开，并将音频内容删除。

首先，将素材由素材库导入至序列时间线上，如图 7-8-4 所示。

在该素材上单击鼠标右键，弹出新的菜单。在该菜单中选择"取消链接"，并单击。此时该素材内的音频内容与视频内容被解锁。选中其中的音频内容后，在其上方单击鼠标右键，在弹出的菜单中选择"清除"并单击或直接按 Delete 键将音频删除，仅保留其中的视频内容，如图 7-8-5 所示。

4. 对视频画面进行剪辑

在画面拍摄的过程中，由于拍摄条件的限制，难免会将一些我们不需要的画面或者与主题内容无关的画面拍摄到镜头当中，所以在制作配音之前，首先应按照解说词进行视频内容剪辑，将剪辑好的视频按照如图 7-8-6 所示进行组接。

5. 对视频画面进行配音

按照与画面内容相符的解说词，对画面进行配音录音。解说词如下：

张家口是河北省下辖地级市，位于河北省西北部，地处京、冀、晋、蒙四省市交界处，市区距首都北京仅 180 公里，距天津港 340 公

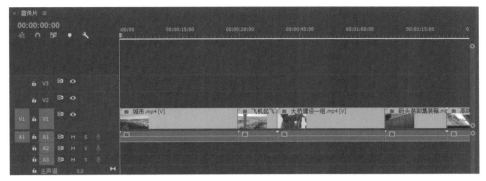

图 7-8-6　定位被删除部分的起点

里。张家口市高速公路通车里程达 808 公里，铁路通车里程 623 公里，机场有航班往返国各过大城市。2016 年，张家口市实现地区生产总值 1461 亿元，年均增长 6.5%。产业园区的谋划和开发建设是张家口把主导产业发展与城市空间布局相结合创造的又一奇迹，为城市发展提供了有力的产业支撑。

大境门位于张家口市区北端，它是一座条石基础的砖砌拱门，门楣有察哈尔都统高维岳于 1927 年书写的"大好河山"四个大字，苍劲壮观。现在，大境门仍是通往口北的要道，是省级重点保护文物，为了保护文物古迹，市政府、区政府已着手对大境门进行全面修复和综合开发，使大境门一带成为旅游避暑的圣地。

张家口有国家级自然保护区 3 个，国家级森林公园 1 处，省级森林公园 16 处，省级风景名胜区 1 个，全市森林覆盖率达 36%。在成功创建全省首个"国家森林城市"的同时，也成为京郊著名的氧吧。良好的生态环境，是张家口旅游的巨大优势所在。

高山无语人励志，聚力凝心筑奇迹！张家口"三年大变样"，变出了雄伟壮丽的"大好河山"，变出了期待、变出了梦想、变出了自信，变出了实践的奇迹、思想的奇迹、精神的奇迹，更变亮了眼神、变宽了视野、变足了信心！奋斗、巨变、奇迹、创新、期盼，共同凝铸成弥足珍贵的城市资产、城市财富、城市之魂，必将引领张家口跃马扬鞭、拼搏奋进、顺势腾飞！

打开调音台面板，准备对调音台面板中音频 1 轨道控制器进行相应调节，如图 7-8-7 所示。

单击录音激活工具 ，激活该音频轨道的录音功能，如图 7-8-8 所示。

准备工作完毕后单击下方的"录制"按钮 ，此时录音工作已经准备就绪。然后按播放按钮 ，录音开始。在视频监视器下显示"正在录制"，如图 7-8-9 所示。

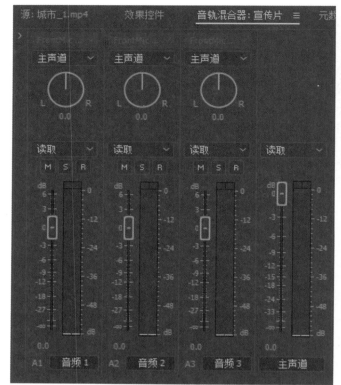

图 7-8-7　轨道音频控制器

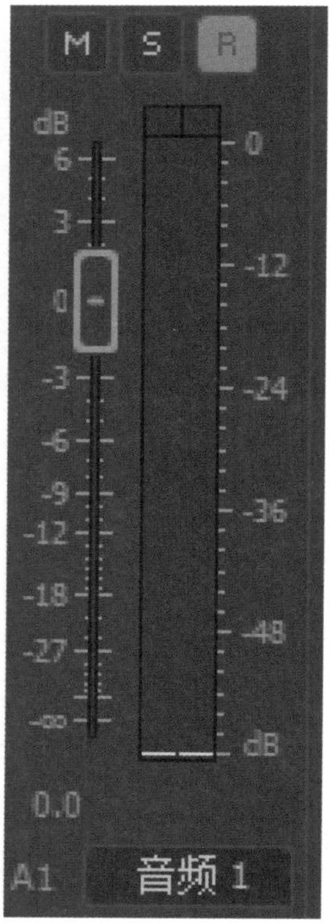

图 7-8-8　激活录音

图 7-8-9　正在录制音频

图 7-8-10 结束录音

录音结束后，按停止按钮■，停止录音。此时录音完毕。在音频 1 轨道中出现刚才完成的录音，如图 7-8-10 所示。

6. 对配音进行剪辑

由于在录音过程中，对于配音稿的播读，通常而言很难做到一气呵成、一次成功，而为了节约时间，争取时效性，配音者通常采用不停止录音而直接沿着出现错误的部分继续录制的办法，所以录音结束后要对所录制的音频进行必要的剪辑。

首先使用剃刀工具将录音中出现错误的部分进行剪切。在工具栏中选择剃刀工具，在错误的起点和错误的终点分别使用剃刀工具，此时错误的部分便脱离开整个录音。

然后删除错误部分。用鼠标右键单击存在错误且被剃刀工具分离开部分的音频。在弹出的菜单中选择清除。此时该部分的音频在轨道上被删除，如图7-8-11所示。

图 7-8-11　删除多余的音频部分

接下来采用同样的办法对音频轨道中其他存在错误的部分进行同样的操作。

7. 导入背景音乐

宣传片除了要有解说词配音外，通常还要加入背景音乐，用以烘托宣传片的整体气氛。因此，我们继续导入背景音乐音频文件。将音乐文件导入至素材库，并将其拖放到序列的音频2轨道上，如图7-8-12所示。

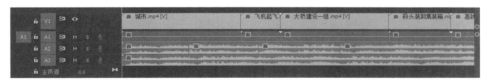

图 7-8-12　导入背景音乐文件

将背景音乐文件按照上一步骤进行音频剪辑。

8. 对音频进行增益

音频增益是对音频编辑进行调节的一项重要内容。在实际的后期编辑过程中，经常会把多个音频素材放入一个序列中进行编辑，而每个音频素材的响度不尽相同。有时在录制一段音频时，由于一些原因，无法保证从始至终信号强度保持一致。为了平衡序列中音频素材的响度，需要对人声配音及背景音乐的音量进行分别设置。具体操作如下：

在素材菜单中选择音频选项。弹出子菜单，在子菜单中选择"音频增益"，如图7-8-13所示。

在"音频增益"面板中设置相关增益数值。完成后可在"源"面板中查看修改后的变化，如图7-8-14所示。

图 7-8-13　选择音频增益

图 7-8-14　设置音频增益

9. 分配音频

在录音过程中，为了方便，我们常常将手中的解说词进行通读。但是实际上我们所录制的配音如果按照时间关系与视频画面进行匹配也许并不能达到完全的和谐统一，所以需要我们将音频剪短，并将相应的音频对照画面内容来进行轨道上位置的分配，以达到声音信息与画面内容的统一。

以上操作结束后，还可向音频中添加相应的音频效果，如消除噪音（Denoiser）等。随后方可导出视频，形成完整的宣传片配音。

------------- 第 8 章

=== 镜头组接技术与技巧

课程学习要点：

　　通过本章节内容的学习，使学生对镜头的组接有最基本的了解，能够使用转场技巧完成视频素材以及音频素材间的艺术化过渡，同时能够对转场过程做有针对性的个性化设置。

· 转场特技的设置

· 高级转场特效

· 综合练习

8.1 转场特效的设置

在非线性编辑中，镜头组接技术对于整个影视作品而言有着至关重要的作用。通过镜头组接可以创造丰富的蒙太奇语言，可以表现出更好的艺术形式。对于 Premiere Pro CC 提供的过渡效果类型，还可以对它们进行设置，以使最终的显示效果更加丰富多彩。在转场设置对话框中，我们可以设置每一个转场的多种参数，从而改变转场特效的方向、开始和结束帧的显示以及边缘效果等。

8.1.1 插入转场效果

所谓转场效果，就是在影片剪辑中一个镜头画面向另外一个镜头画面过渡的过程。在转场中，按照形式可分为无技巧转场和有技巧转场。无技巧转场就是通常所说的硬切，就是一个画面直接过渡到另外一个画面。有技巧转场则是指一个画面通过某种特效逐渐向另外一个画面过渡。虽然在影视剪辑中，大多数采用的都是无技巧转场，但是通过转场特效的有技巧转场可以丰富画面的视觉表现能力，使画面更加自然流畅。下面我们通过一个案例对有技巧转场的添加和设置进行介绍。

1. 镜头过渡

新建项目并在该项目中新建一个序列，在【项目】窗口中双击导入两个素材，并将素材移至序列面板中的 V1 轨道，如图 8-1-1 所示。

接下来，打开【效果】窗口中的【视频过渡】文件夹，选择【擦除】下的

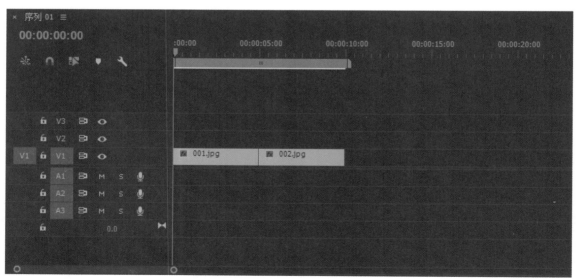

图 8-1-1　将素材移至【序列】面板中

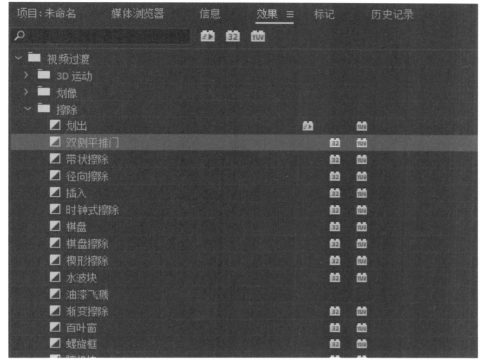

图 8-1-2　选择【双侧平推门】特效

【双侧平推门】过渡特效，如图 8-1-2 所示。

　　将该特效拖拽至序列面板中两段素材之间，如图 8-1-3 所示。按空格键进行播放，播放效果如图 8-1-4 所示。

图 8-1-3　添加【双侧平推门】特效

图 8-1-4　【双侧平推门】效果

图 8-1-5　拖动过渡长度

图 8-1-6　【设置过渡持续时间】对话框

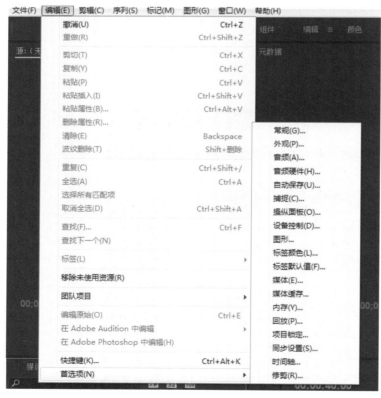

图 8-1-7　选择时间轴选项

为影片添加过渡后，可以改变过渡的长度，最便捷的方法是在序列中选中过渡效果，拖动过渡的边缘即可，如图8-1-5所示。还可以在【效果控件】窗口中对过渡做进一步的调整，双击过渡效果即可打开【设置过渡持续时间】对话框，如图8-1-6所示。

8.1.2　默认转场效果的设定

将时间线放置在素材剪切点上，同时按住键盘当中的Ctrl+D键，可在该处添加软件默认的转场效果。但如果所添加的默认效果并不理想，我们可以对默认转场效果的设置进行修改，还可以对默认转场效果进行调换。我们可以通过以下方法进行默认转场效果的设置及调换。

1. 设置默认转场效果

在菜单栏中选择"编辑"—"首选项"–"时间轴"选项并单击。此时弹出"首选项"面板，如图8-1-7所示。

此时，在"首选项"面板中可将当前所选定的切换效果设置为默认的转场效果。在使用键盘当中的Ctrl+D键来添加转场效果时，都将会是在此设置的默认效果。同时在"首

图 8-1-8　首选项面板

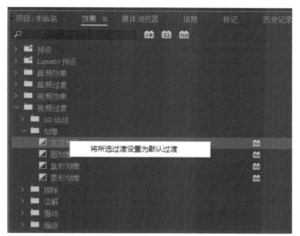

图 8-1-9　在效果面板中对默认转场效果进行快捷设置

选项"面板中还可以设置转场的默认持续时间等内容，如图 8-1-8 所示。

2. 调换默认转场效果

◇打开效果面板，同时选择其中的过渡效果文件夹。

◇在过渡效果文件夹中选择所需要的转场类别，并在其中选择目标转场效果。

◇在所选择的转场效果上单击鼠标右键，在弹出的对话框中选择"设置为默认切换效果"，此时，该效果便成为新的默认切换效果，在使用 Ctrl+D 组合键设置切换效果时也都将会是该效果，如图 8-1-9 所示。

8.2　高级转场特效

在影视后期剪辑过程中，当我们按照上节课程所学到的内容进行添加转场效果后，我们还可以对所选转场特效进行个性化设置，如转场效果的方向、起落幅的位置等。所以我们在创作中可以针对某个转场特效的相关属性来进行设置。

8.2.1　转场效果的个性化设置

添加完转场特效后，此时在该序列所添加的转场特效的切点上会显示出转场效果的"方块" ▉▉▉，该方块上注明了所添加的转场效果类型。单击该"方块" ▉▉▉，在"效果控件"面板中会显示出该转场效果的相关设置，如图 8-2-1 所示。

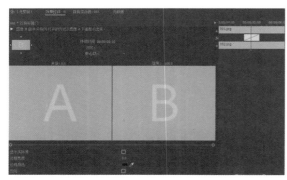

图 8-2-1　对转场效果的设置

图 8-2-2　【双侧平推门】的转场效果

在效果控件中，第一行再一次标明了所添加转场效果的效果名称。如图 8-2-2 中标明在序列 1 中插入了【双侧平推门】的转场效果。

在名称下有一个播放按钮╳。单击播放按钮会在面板中的预览窗中预览到有 A、B 两幅图片模拟出的该转场效果。同时在播放按钮的旁边有该转场效果的文字语言描述，如图 8-2-3 所示。

在选择部分转场效果时，因涉及转场运动的方向调节，所以在预览窗的左、顶、右、底部（有些效果还会在四个顶角处）会有指示运动方向的三角形箭头。点击不同方向的箭头可以设置转场效果不同的运动方向，如图 8-2-4 所示。

图 8-2-3　对转场效果的描述

图 8-2-4　设置运动方向

在预览窗的右侧，有"持续时间"设置区域▆▆▆。在这里可以调节该转场特效所持续的时间长短。注意：持续时间越短，转场速度越快，反之则越慢。有以下三种方式可以对持续时间进行调整。

（1）将鼠标点击在"持续时间"的时间上左右移动，可修改持续时间，或直接手动输入精确的时间进行"持续时间"的修改。

（2）在"效果控件"的右侧调节区域▆▆▆，通过拉伸或缩短中间位置效果的滑块长度，来改变持续的时间长度。

（3）在序列面板中，通过拉伸或者缩短该转场效果在时间线上的"方块"长度，来改变转场所持续的时间。

在"持续时间"的下面有"对齐"选项，可以调节转场效果与剪切点之间的对齐关系。

A. 中心切入

即切点位于该转场效果的中间位置。

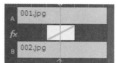

图 8-2-5 "中心切入"

B. 起点切入

即在切点的位置上，转场效果刚刚开始。也就是转场效果以切点为起点，整体在切点的右侧。

图 8-2-6 "起点切入"

C. 终点切入

与"开始于切点"相反，转场效果在切点的左侧。当到达切点时，该转场效果刚好结束。

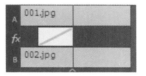

图 8-2-7 "终点切入"

D. 自定义起点

通过自己个性化的设置可以自由定义该转场的开始与结束的位置，但是必须保证切点在该转场效果上。通过改变转场效果的起始时间来进行自定义设置。

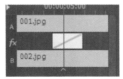

图 8-2-8 "自定义起点"

在"效果控件"中还可以对转场效果中起幅和落幅画面的位置分别进行相应的设置。一般来说，都是由完整的 A 画面逐渐切换到完整的 B 画面。也就是从最起初的开始状态切换到最终的结束状态。但有时为了编辑的需要，我们可以通过调节下方的开始和结束滑块，来改变起幅和落幅画面的位置。按住 shift 键可以使开始画面和结束画面以相同的数值进行变化，如图 8-2-9 所示。

在下方有"显示实际来源"的复选框，选中后可以将预览窗中的模拟画面

图 8-2-9　切换起幅落幅画面设置

图 8-2-10　显示实际来源

变成实际素材画面，便于编辑，如图 8-2-10 所示。

8.3　综合练习——风景视频组接

　　下面我们将通过转场技巧将几段独立的视频进行组接并设置过渡效果，使整段视频更加生动。

　　（1）新建项目。启动 Premiere Pro CC，在欢迎界面中选择"新建项目"。在名称栏目中输入"四季风景"作为该工程的名称。完毕后单击"确定"键，进入到"新建序列"面板中，如图 8-3-1 所示。

　　在项目中单击【文件】-【新建】新建一个序列，对该视频的相关参数进行相应的设定。选择 DV-PAL 制式，屏幕比例为标准比例（4∶3），频率为48KHz。将序列名称定为"四季风景"，完毕后单击"确定"按钮。

　　（2）导入所需素材。选择"风景视频"文件夹中的 001-006 文件，按顺序排列到视频 1 轨道上，并将每个素材的音视频解除链接，删除音频，保留视频，如图 8-3-2 所示。

（3）打开【效果】-【视频过渡】面板，选择【溶解】效
果中的【交叉溶解】过渡效果，并将其拖拽至视频 001.mp4 的
起始位置，如图 8-3-3 所示。

该效果指前一个镜头的画面与后一个镜头的画面相叠加，
前一个镜头的画面逐渐隐去，后一个镜头的画面逐渐显现的过
程，前后镜头长时间叠化可以强调重叠画面内容之间的队列关
系，强调前后段落或镜头内容的关联性和自然过渡。

（4）接下来在【视频过渡】面板中选择【缩放】-【交
叉缩放】过渡效果，拖拽至 001 和 002 两段素材中间，如图
8-3-4 所示。

图 8-3-1　新建项目

图 8-3-2　将素材导入至素材库并导入至轨道时间线上

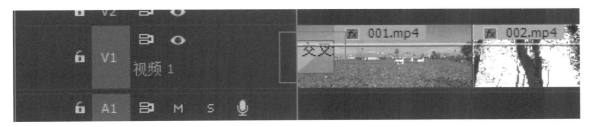

图 8-3-3　设置交叉溶解效果

图 8-3-4　设置素材的交叉缩放效果

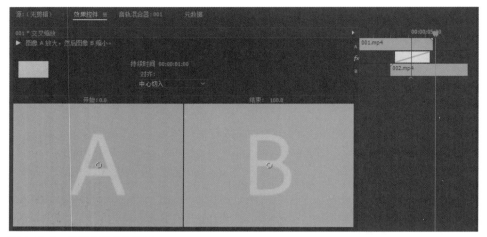

图 8-3-5　设置交叉缩放效果

图 8-3-6　使素材与时间线对齐

（5）添加效果之后，用鼠标单击该效果，在【效果控件】面板中可以看到与此效果相关的设置，如图 8-3-5 所示。

（6）由于切换速度比较快，首先修改"持续时间"为 3 秒，然后选择"显示实际来源"选项，设置两个视频画面的开始和结束时间，如图 8-3-6 所示。

交叉缩放效果是使图像 B 从图像 A 中放大出现，通常在 B 画面中会有一个可以转接的中心，这样的两幅画面在转接的过程中通常会用到该特效。

（7）在【视频过渡】面板中选择【划像】-【盒形划像】过渡效果，将其拖拽至 002 和 003 两段素材之间，如图 8-3-7 所示。

（8）用鼠标单击盒形划像效果，在【效果控件】面板中可看到与此效果相关的设置，勾选显示实际来源选项，如图8-3-8所示。

（9）默认的对齐方式为中心切入，这里我们选择起点切入，如图8-3-9所示。

（10）在该效果下边还设有"反向"选项，如图8-3-10所示。使前后两个镜头切换的顺序反转，可根据实际镜头自行设置。

划像效果一般用于两个内容意义差别较大的段落转换，可以造成时空的快速转变，并在较短时间内展现多种内容，所以常用于同一时间、不同空间事件的分割呼应，使其节奏紧凑、明快。

（11）在【视频过渡】面板中选择【溶解】-【渐隐为黑色】过渡效果，将其拖拽至003和004两段素材之间，如图8-3-11所示。

（12）用鼠标单击渐隐为黑色效果，在【效果控件】面板中可看到与此效果相关的设置，将持续时间设置为2秒，这样整体效果过渡速度比较适中，如图8-3-12所示。

该特效显示效果为让画面从全黑渐入，或称淡入，常用于表现大幅度的时空变换，以及大段落的划分，表示某一个情节或内容的结束，另一个情节或内容的开始，具有抒情意味，可产生一种完整的段落感。它是我们在镜头组接中常用的一种过渡效果。

（13）由于视频004与005画面颜色及内

图 8-3-11 添加渐隐为黑色效果

图 8-3-7 设置盒形划像效果

图 8-3-8 编辑盒形划像效果

图 8-3-9 设置对齐方式

图 8-3-10 反向选项

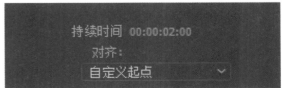

图 8-3-12 设置持续时间

容具备一定的关联性，因此我们为其添加【交叉溶解】的过渡效果，将【交叉溶解】的效果拖拽至 004 和 005 画面之间，如图 8-3-13 所示。

（14）由于后边画面比较短，因此单击【交叉溶解】效果，在效果控件中设置切入为"终点切入"，如图 8-3-14 所示。

（15）最后在 005 与 006 两段视频之间继续插入【渐隐为黑色】效果，按照前边操作可自行设置该特效。

（16）添加完所有特效后，导入给定背景音乐，并将音频拖拽至音频 1 轨道，将多余部分进行剪切，至此该练习完成，如图 8-3-15 所示。

图 8-3-13　添加交叉溶解效果

图 8-3-14　设置交叉溶解效果持续时间

图 8-3-15　完成最终效果

第 9 章
影视字幕设计

课程学习要点:

  字幕是影视剪辑重要的组成部分,字幕在影视作品中有解释画面、传递画面信息、补充画面、美化画面、为画面增光添彩的作用。字幕制作的好坏,直接影响影视作品的观赏性。Premiere Pro CC 的字幕制作功能强大、专业,可以创建符合专业要求的各种形式的影视字幕。

- Premiere Pro CC 字幕概述
- 基本字幕的创建与编辑
- 字幕图形设计

9.1 PR CC 字幕制作

Premiere Pro CC 版对字幕制作做了较大的改动,使用了一种新的字幕制作形式,更方便制作对白字幕或解说词幕;在工具栏里,新增加了一个"文字工具",可直接用文字工具为画面添加文字,在基本图形窗口套用图形模板,调整参数,制作标题字幕;原来的"字幕"形式改为"旧版标题字幕"形式。

9.1.1 新版字幕介绍

1. 建立字幕

执行菜单【新建】【字幕】命令,如图 9-1-1 所示。

图 9-1-1

在弹出的新建字幕对话框中（如图9-1-2所示），打开【标准】选项，选择"开放式字幕"后点击确定按钮，在项目面板上会显示出新建字幕图标，如图9-1-3所示。

2. 字幕面板简介

用鼠标左键双击字幕图标会打开字幕面板，字幕面板是完成字幕的建立和修改的工作场所。字幕面板包括：字幕设置区、字幕排列区、字幕添减，如图9-1-4所示。

（1）在字幕设置区域可以对文字的排版、字体、字体形式（粗体、斜体、下划线）、音乐注释、填充文字颜色、文字背景色、描边颜色及文字大小、文字位置等属性进行调整，如图9-1-4所示。

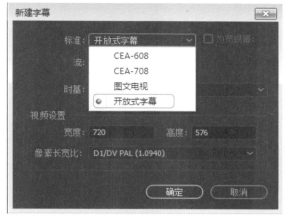

图9-1-2

图9-1-3

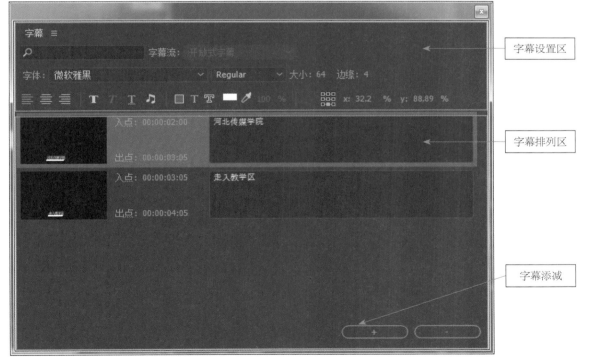

图9-1-4　字幕面板

（2）在字幕排列区域可以输入文字，制作旁白或解说词。把字幕拖动到视频轨道上方，可以在节目监视器窗口匹配字幕与视频画面对位。通过入出点的时间设定，调整每一个字幕的显示时长，使画面与字幕精确对齐。点选字幕设计窗口下面的添加文字图标，可以连续地添加同类型的字幕，如图 9-1-5 所示。

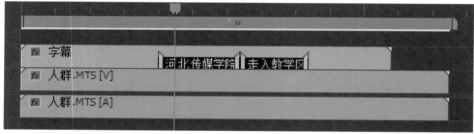

图 9-1-5　字幕与视频画面对位

9.1.2　文字工具和图形面板

在 Premiere Pro CC 的工具条里新增加了一个"文字工具"，用来制作标题字幕，如图 9-1-6 所示。

图 9-1-6　文字工具

1. 用文字工具建立字幕

在节目监视器窗口点击文字工具，输入文本文字或者拖拽出一个字幕区域，输入排版文字。确定后，序列面板会以所输入的文字命名这个字幕，如图

9-1-6 所示。

2．标题字幕的调整

打开效果控件面板，可以对字幕布局、文字排列、字体属性进行调整，如图 9-1-7 所示。

3．基本图形窗口

基本图形窗口是建立标题字幕后，对标题文本和图形进行设置、调整的重要窗口。使用菜单中的【窗口】【基本图形】命令（如图 9-1-8 所示），打开基本图形窗口，如图 9-1-9 所示。

基本图形窗口分为浏览和编辑两个模式。编辑模式主要包括以下几个区域：文本布局、主样式、文本设置、文本外观，如图 9-1-10 所示。

（1）编辑模式

◇文本布局：对输入的文字进行布局，确

图 9-1-6　标题字幕

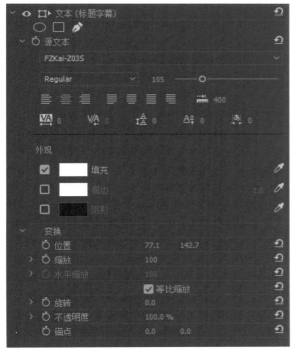

图 9-1-7　字幕调整

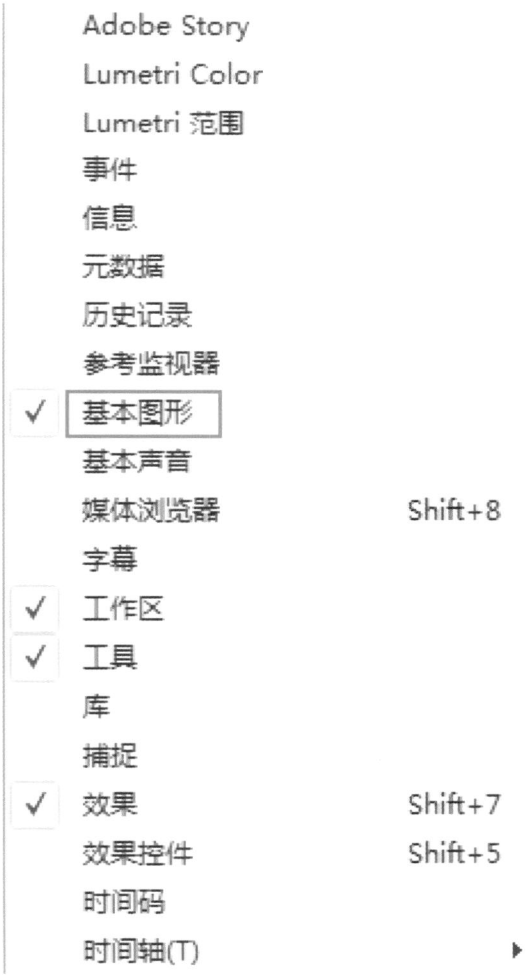

Adobe Story

Lumetri Color

Lumetri 范围

事件

信息

元数据

历史记录

参考监视器

✓　基本图形

基本声音

媒体浏览器　　　　　　　　Shift+8

字幕

✓　工作区

✓　工具

库

捕捉

✓　效果　　　　　　　　　　Shift+7

效果控件　　　　　　　　　Shift+5

时间码

时间轴(T)　　　　　　　　▶

图 9-1-8

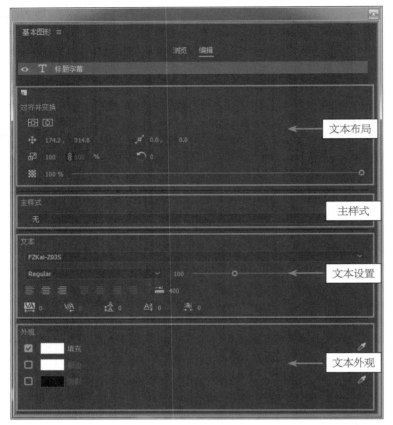

图 9-1-9

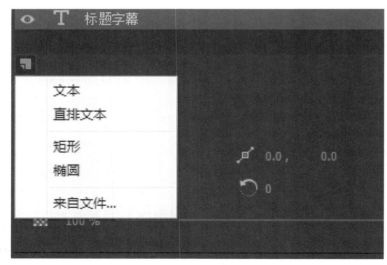

图 9-1-10

定文字的位置、对齐、缩放、透明度、锚点、旋转等属性。点击 ▣ 图标，弹出新建图层选项菜单，可以选择添加需要的图形、文本等，如图 9-1-10 所示。

◇主样式：既可以选择文本样式，也可以创建文本样式保存，方便以后使用。

◇文本设置：主要确定文字的字体、字体样式、字体大小、文本的对齐、字距、字偶间距、行距、基线位移、比例间距、制表符等。

◇文本外观：确定文字颜色填充、文字描边、文字阴影。

（2）浏览模式

Premiere Pro CC 提供了一些漂亮的"基本图形"模板，在浏览模式下，可以直接拖入视频轨套用，方便字幕图形的制作，如图 9-1-11 所示。

也可以定制自己的标题模板，保存到模板库，或者导出到外部，扩展名为 .mogrt。用鼠标点击时间线的字幕图形，在弹出菜单中选择【导出为动态图形模板】命令，在图形模板库中就可以看到自己定制的模板了，如图 9-1-12 所示。

图 9-1-11 基本图形

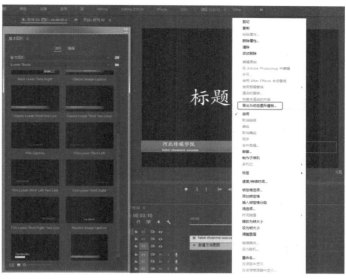

图 9-1-12

9.1.3 旧版标题字幕

利用文件菜单建立标题字幕。选择菜单：【文件】>【新建】>【旧版标题】命令，如图9-1-13所示。弹出新建字幕对话框，如图9-1-14所示。一般情况下，对话框中视频参数采取默认值，输入新建字幕名称，完成后单击确定按钮，即可打开旧版标题字幕窗口，如图9-1-15所示。

提示：每新建一个字幕，系统会顺序默认设置，对于复杂的剪辑最好按需要设置相应的名称，以免给后面字幕添加工作带来混乱。

标题字幕面板是创建字幕的主要工作场所，可以完成标题字幕的建立和修改。标题字幕面

图 9-1-13　建立旧版标题字幕

图 9-1-14　新建字幕对话框

板主要包括以下几个区域：字幕工具栏、字幕设计栏、字幕属性栏、字幕动作栏和字幕样式栏。

1. 字幕工具栏

字幕工具栏位于字幕窗口的左上方，提供了一些制作文字与图形的常用工具，如图 9-1-16 所示。下面具体介绍一下各工具的用途。

◇选择工具█：主要用于对某个对象进行选择或调整大小、位置、旋转的操作。

◇旋转工具█：主要用于对所选对象进行旋转操作。使用

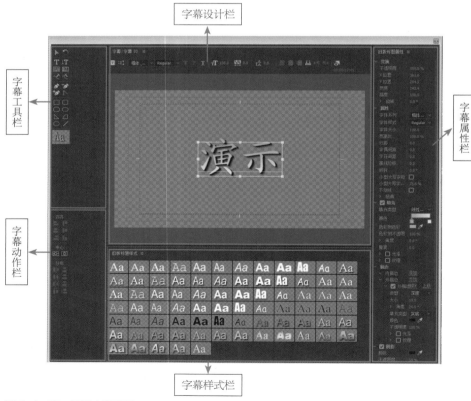

图 9-1-15　标题字幕窗口

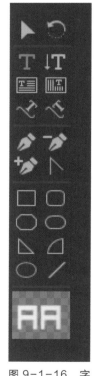

图 9-1-16　字幕工具栏

旋转工具时，所选对象必须处于选中状态，按住鼠标左键拖拽即可完成对象的旋转。

◇文字工具 **T**：主要用于文字的创建。选择该工具，在字幕工作区单击鼠标，当变成闪烁光标时，即可在当前位置输入文字（横向文字）。

◇垂直文字工具 **T**：主要用于垂直文字的输入。

◇区域文字工具 **画**：主要用来输入横向排版文字。

◇垂直区域文字工具 **画**：主要用来输入纵向排版文字。

◇路径文字工具 **画**：选择该工具后，在字幕工作区单击鼠标可以绘制出一条路径，在路径的起点单击鼠标后输入路径文字，文字会平行于路径。

◇垂直路径文字工具 **画**：选择该工具，在字幕工作区使用鼠标可以绘制出一条路径，在路径的起点单击鼠标输入文字，输入的文字会垂直于路径。

◇钢笔工具 **画**：用于创建路径，也可以用它来调整使用平行或垂直路径工具所绘制的路径形状。选择该工具，将其放在路径的锚点或手柄上，按住鼠标拖动，即可调整路径的形状或锚点的位置。

◇删除锚点工具 **画**：主要用于删除已绘制路径上的锚点。选择该工具，直接在路径锚点上单击鼠标即可删除该锚点。

◇添加锚点工具 **画**：主要用于在已绘制路径上添加锚点。选择该工具，然后直接在路径上单击鼠标即可添加一个锚点。

◇转换锚点工具 **画**：主要用于对路径上的锚点进行调整。选择该工具在锚点上单击并拖动，可以将锚点转换成曲线点；在曲线点上单击，可以将曲线点转换成锚点。

◇几何图形工具：在几何图形工具中主要包括矩形工具、圆角矩形工具、切角矩形工具、楔形工具、弧形工具、椭圆工具、直线工具。利用这些图形工具可以绘制出不同的几何形状，如图9-1-17所示。

提示：在绘制图形时，可以根据需要使用【Shift】键。比如，使用矩形工具，按住【Shift】键可以绘制出正方形；使用三角形工具，按住【Shift】键，可以绘制出正三角形；使用椭圆工具，按住【Shift】键，可以绘制出圆形。

图9-1-17　几何图形工具

2. 字幕设计栏

字幕设计栏位于字幕窗口上侧中间位置，它又可以分为常用设置区和字幕演示区，如图9-1-18所示。

字幕设计区可以对字幕进行字体、字形、行间距、对齐等基本设置，以及新建字幕、字幕模版、滚动字幕的设置等。字幕演示区是用来演示字幕效果、进行各种图文编辑的区域。

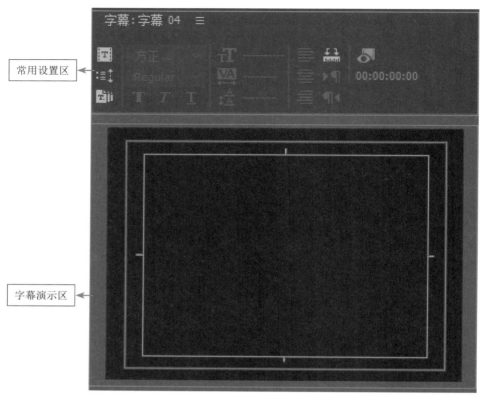

图 9-1-18　字幕设计栏

（1）常用设置区

◇ "基于当前字幕新建字幕"按钮 ：该按钮主要用于在当前字幕基础上，创建一个新的字幕。单击该按钮，就会弹出新建字幕对话框，输入一个新的名称，单击确定，即可进行新字幕的制作。

提示：在制作同期声字幕的时候通常会用到此按钮，因为一般要求同期声字幕的字体、字号、颜色、位置要统一，所以用此按钮新建字幕会更方便、快捷。

◇ "游动／滚动选项"按钮 ：单击该按钮，可以设置字幕的运动类型。

◇ "字幕模板"按钮 ：使用该模板可以方便快速地创建丰富多彩的文字字幕。

（2）字幕演示区

字幕演示区位于整个字幕窗口的中间位置，是字幕制作和效果预览的重要部分。在这个区域有两个实线方框，其中外侧方框是字幕运动安全区，内侧方框是字幕标题安全区，如图 9-1-19 所示。在字幕演示区点击鼠标右键，从快捷菜单中点"查看"，会出现"安全字幕边距"和"安全动作边距"，如果在前面打√，则会显示出安全框，否则不显示。

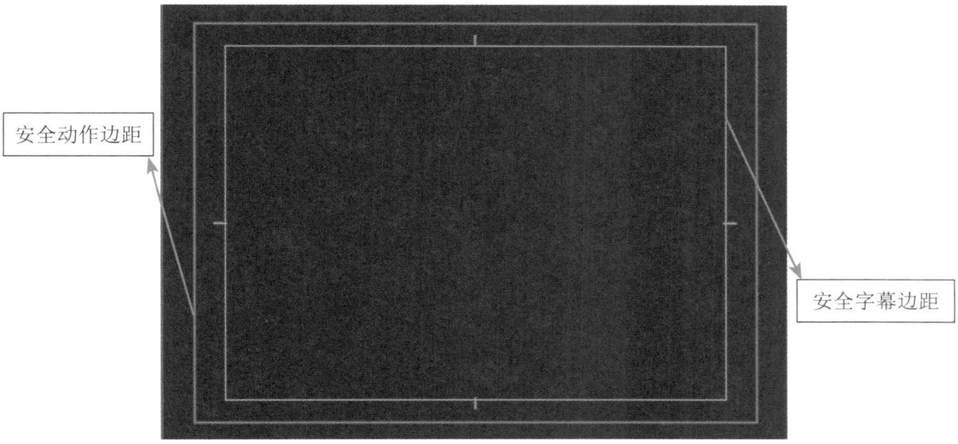

图 9-1-19　字幕标题安全框

3. 字幕属性栏

字幕属性栏位于字幕窗口的右侧，是字幕文字或图形参数设置的重要区域。分变换、属性、填充、描边、阴影、背景 6 个部分，通过字幕属性栏的参数设置，可以设计出丰富多彩的字幕样式。

（1）变换参数区

展开变换参数区，如图 9-1-20 所示。

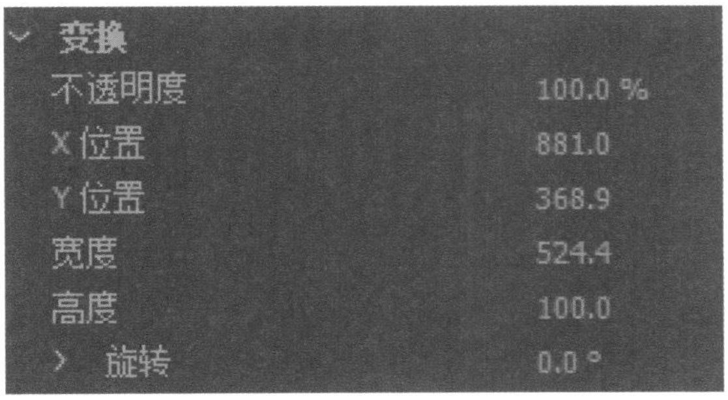

变换	
不透明度	100.0 %
X 位置	881.0
Y 位置	368.9
宽度	524.4
高度	100.0
旋转	0.0 °

图 9-1-20　变换参数区

◇不透明度：设置所选对象的透明度。

◇ X 轴位置：设置所选对象的水平位置。

◇ Y 轴位置：设置所选对象的垂直位置。

◇宽：设置所选对象的水平宽度。

◇高：设置所选对象的垂直高度。

◇旋转：设置所选对象的旋转角度。

提示：在改变对象参数时，可以在数值处双击鼠标，直接输入所需数值。也可以将鼠标放在数值处，待光标变为带左右箭头的小手时，按住左键滑动鼠标调节数值来完成设置。

（2）属性参数区

主要用于对文字的设置，展开后的区域如 9-1-21 所示。

◇字体系列：设置所选文字的字体，可以从右侧下拉菜单中选择任意一种。

图 9-1-21　属性参数区

◇字体样式：设置所选文字的字形。

◇字体大小：设置所选文字的大小，调节后面的数值即可。

◇宽高比：设置所选文字的宽高比。数值变大，文字变宽；数值变小，文字变窄。

◇行距：调整所选文字的行间距。

◇字偶间距：调整光标处文字间的距离。

◇字符间距：调整整体文字间的间距。

◇基线位移：调整所选文字的基线位置，正值文字向下移动，负值文字向上移动。

◇倾斜：调整所选文字的倾斜角度，正值向右倾斜，负值向左倾斜。

◇扭曲：调整所选文字的扭曲变形。

（3）填充参数区

该区域主要用于对所选对象进行不同填充效果的设置，展开后的区域如图 9-1-22 所示。

图 9-1-22　填充参数区

提示：如果想应用填充效果，必须要勾选住"填充"前面的复选框。

各项具体设置方式及效果如下：

填充类型：用于设置填充的类型，打开右侧的下拉菜单，有七个选项供选择，分别是实底、线性渐变、径向渐变、四色渐变、斜面、消除和重影。

◇实底：为选择的对象填充单一颜色。

◇线性渐变：为所选对象填充由两种颜色混合的渐变效果。

◇径向渐变：为所选对象填充由两种颜色混合的放射渐变效果。

◇四色渐变：为所选对象填充由四种颜色组成的渐变。

◇斜面：为所选对象设置一种立体效果。

◇消除：隐藏对象，只显示描边和对象与阴影相减部分的阴影效果。

◇重影：隐藏对象，只显示描边和完整阴影效果。

光泽：主要用于为所选对象添加光辉效果。要想达到这种效果，需先勾选住光泽前面的复选框。

提示：光泽下面的颜色、透明度、大小、角度、偏移都是针对光泽设置的，不会影响到其他填充效果。

纹理：为所选对象填充一种用图像画面作为纹理的效果。

（4）描边参数区

主要为所选对象进行描边处理，可以设置内侧边和外侧边。如果需要多重边缘，可多次点击添加，分别进行设置。

（5）阴影参数区

主要用于设置所选对象的阴影。

（6）背景参数区

为字幕添加全屏背景效果。

提示：光泽、材质、描边、阴影、背景等效果，设置完成后，如果想取消设置效果，只需点击复选框中的√，将其取消即可。

4. 字幕动作栏

字幕动作栏位于字幕窗口的左下方，主要用于所选择对象的对齐、居中和分布设置，如图9-1-23所示。

（1）对齐：对齐至少要选中两个对象才可以应用。

（2）居中：主要用于所选对象与预演窗口的对齐。

（3）分布：主要用于设置所选对象的间距分布对齐，分布对象至少要有3个才可以应用该组设置。

图9-1-23 字幕动作栏

5. 字幕样式栏

字幕样式栏位于字幕窗口中间下方的位置，如图9-1-24所示。Premiere

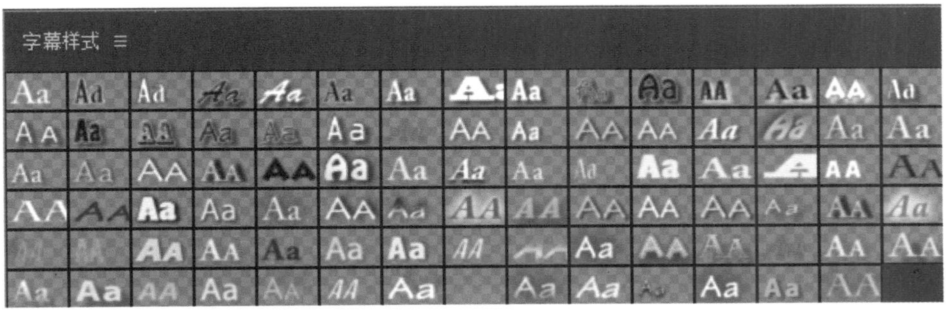

图9-1-24 字幕样式栏

图 9-1-25　应用字幕样式效果

图 9-1-26　字幕样式下拉菜单

　　Pro CC 为用户提供了字幕样式模板，为设计丰富的字幕效果提供了方便。该模版应用方法简便，只需选中一个对象，然后在字幕样式栏中单击所需的风格样式即可应用该样式，应用效果如图 9-1-25 所示。

　　用户不但可以直接应用现有样式，还可以通过新建、增加、删除、重命名、更换显示方式等来管理样式库，以方便字幕的制作。方法是：单击字幕样式栏左上角的菜单 ▼ 按钮，在弹出的快捷菜单中，可以进行相应的设置；在字幕样式栏的空白处点击鼠标右键，也会弹出相关菜单，然后再进行相应的设置，如图 9-1-26 所示。

　　用户在制作字幕时，当设计出风格漂亮的字幕样式后，可以把它保存下来，以便日后使用，如图 9-1-27 所示。方法是：在字幕样式栏的空白处点击鼠标右键，选择"新建样式"，会弹出"新建样式"对话框，如图 9-1-28 所示。输入样式名称，点击"确定"。

　　现在，新建的样式会出现在字幕样式栏里，如图 9-1-29 所示。

图 9-1-27　创建的样式

图 9-1-28　"新建样式"对话框

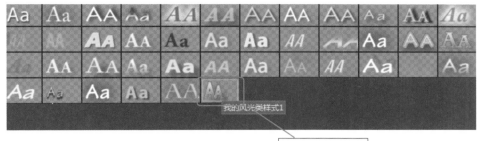

图 9-1-29　字幕样式栏

9.2　字幕实训

9.2.1　创建解说字幕

（1）导入视频文件"传媒学院"作为背景画面。执行菜单中的【新建】【字幕】命令，如图 9-2-1 所示。

（2）在弹出的新建字幕对话框中，选择【标准】选项中的"开放式字幕"，然后点击后确定，如图 9-2-2 所示。在项目面板会显示出新建字幕图标，如图 9-2-3 所示。

图 9-2-1

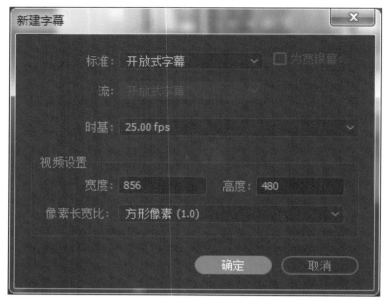

图 9-2-2　新建字幕

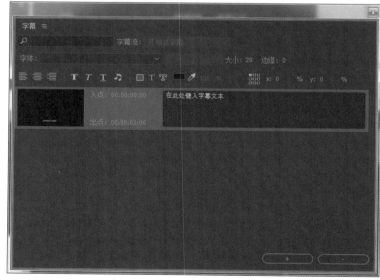

图 9-2-3　项目面板

图 9-2-4　字幕面板

（3）双击项目面板的字幕图标，打开字幕设置面板，如图 9-2-4 所示。

（4）在字幕排列区域，输入字幕文本"刚刚我们去过的是河北传媒学院"覆盖替换"在此处键入字幕文本"文字。修改文字大小 24，白色，字体微软雅黑，位置中下部。调整时间线字幕长度，入点 0 帧；出点 00:00:02:19。点击字幕面板下面的添加字幕按钮 ，在原字幕基础上添加一个新的字幕。输入字幕文本"新闻传播学院"，调整时间线字幕长度，入点 00:00:02:19；出点 00:00:04:05。点击字幕面板下面的添加字幕按钮 ，添加新的字幕。输入字幕文本"她带给人的感觉是历史和文化的厚重感"，调整时间线字幕长度，入点 00:00:04:05；出点 00:00:07:16。继续添加新的字幕，输入字幕文本"而现在我们所在的是河北传媒学院的"，调整入点 00:00:07:15；出点 00:00:10:12。继续添加新的字幕，输入字幕文本"影视艺术学院"，调整入点 00:00:10:12；出点 00:00:11:22。继续添加新的字幕，输入字幕文本

图 9-2-5　字幕与画面调整匹配

"她带给我们的感觉就是",调整入点 00:00:11:22;出点 00:00:14:06。继续添加新的字幕,输入字幕文本"耳目一新的活泼青春和前卫的感觉",调整入点 00:00:14:06;出点 00:00:17:18,如图 9-2-5 所示。

9.2.2　创建静态字幕

(1)导入图片文件"让子弹飞"作为背景画面,如图 9-2-6 所示。

(2)打开标题字幕工具面板,选择文字工具 T 。在演示窗口单击,输入"让子弹飞"文字,创建一个标题字幕。选择字体,调整文字大小,使用选择工具 ▶ :选中文字,向下调整至画面右下部,如图 9-2-7 所示。参考变换属性

图 9-2-6　字幕背景

图 9-2-7　文字位置调整

图 9-2-8　文字选项组

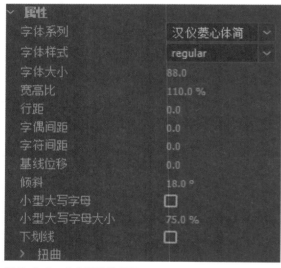

图 9-2-9　文字属性选项组

图 9-2-10

参数，如图 9-2-8 所示。

（3）调整文字属性：选择字体，汉仪菱心字体，大小 88，宽高比 110%，倾斜 18 度，参数调整如图 9-2-9 所示。

（4）调整填充属性：选择实底，勾选纹理，选择火焰纹理图。调整纹理属性，水平500，垂直300，达到与视图相符合样式，如图 9-2-10 所示。

纹理属性参数，如图 9-2-11 所示。

（5）调整描边属性：添加一个外描边，采

图 9-2-11　纹理选项组

用边缘类型,大小 10,颜色 # FFC9C9,如图 9-2-12 所示。描边参数选择如图 9-2-13 所示。

(6)画面修饰:在影视后期制作过程中,需要在影视作品中插入台标、角标、图案等特定的标志,使影视画面更加精美。在字幕面板空白处右击,弹出菜单,选择【图形】【插入图形】命令,如图 9-2-14 所示。在导入图形对话框,选择"子弹"图片文件,点击打开按钮,即可完成画面的插入。调整插入图形大小、位置与画面要求相符,如图 9-2-15 所示。

(7)建立拼音文字,修饰画面,如图 9-2-16 所示。

图 9-2-12　描边效果图

图 9-2-13　描边选项组

图 9-2-14　插入图形命令

图 9-2-15　调整插入图形

图 9-2-16　标题文字效果

图 9-2-17　垂直区域文字框调整

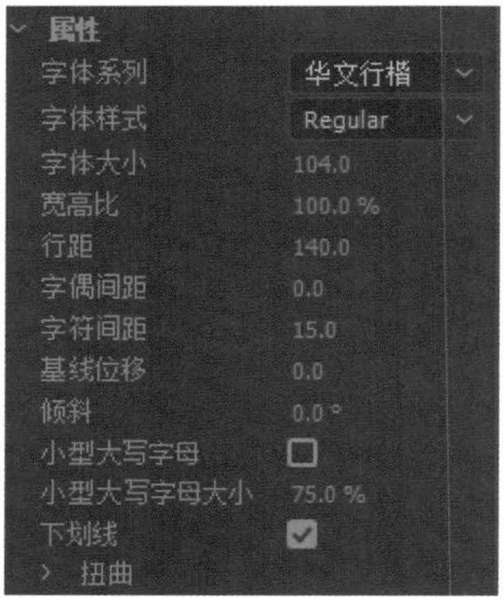

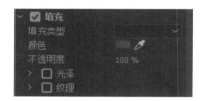

图 9-2-18　属性选项组

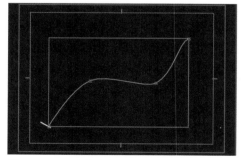

图 9-2-19　填充选项组

图 9-2-20　字幕路径

9.2.3. 排版字幕

在标题字幕工具面板，使用垂直区域文字工具，在演示窗口框选出一个区域，输入字幕文字，创建的文字被白色文字框所限定。使用选择工具，可以改变垂直文本框的大小，拖动控制点可以改变框的形状，如图 9-2-17 所示。

在属性面板上，选择华文行楷字体，字体大小 104，行距 140，字符间隔 15，下划线勾选，如图 9-2-18 所示。以实底填充，填充色 # 5E2F39，如图 9-2-19 所示。

9.2.4. 路径字幕

选择路径文字工具，当鼠标移动到字幕编辑窗口时，鼠标会以钢笔形态显示。在字幕工作区单击鼠标，移动位置，再次单击可绘制出一条路径。使用钢笔工具，将其放在路径的锚点或手柄上，按住鼠标拖动，调整路径的形状或锚点的位置。使用删除节点工具，在路径锚点上单击，可删除该锚点。使用增加节点工具，在路径上单击，可在已绘制路径上添加锚点。使用转换节点工具，在锚点上单击并拖动，可以将锚点转换成曲线点，如图 9-2-20 所示。在路径文字工具状态下，在路径的闪烁点，可输入路径文字，文字输入后会沿着路径平行排列。在字幕属性选项组可以调整文字大小、字符间距等，如图 9-2-21 所示。

9.2.5. 创建字幕图形

使用字幕图形工具，可以方便地绘制出需要的图形。这些图形配合字幕使用，起到突出、映衬、美化的作用，使字幕在画面上的显示更清晰，传递的信息更准确。

（1）打开标题字幕面板，选择矩形工具，在字幕预演区绘制一个长条形的图案，将其放置在预演区的中

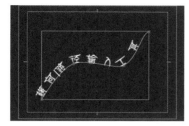

图 9-2-21 路径文字

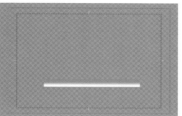

图 9-2-22 渐变填充

图 9-2-23 填充选项组

下方位置，在字幕属性栏里设置其属性，填充 > 填充类型 > 线性渐变，渐变颜色：左色块为粉红色（#C742E4），右色块为纯白色，如图 9-2-22 所示。填充参数调整，如图 9-2-23 所示。

（2）图形绘制工具由于其单一性，无法满足复杂图形的绘制，利用钢笔工具，可以为绘制出的图形赋予艺术性。在字幕预演区，用钢笔工具不断单击创建锚点，利用添加锚点工具、删除锚点工具和转换锚点工具调整路径的平滑度，绘制出心形图案，如图 9-2-24 所示。

图 9-2-24 贝塞尔曲线

在属性面板上选择"填充贝塞尔曲线"（如图 9-2-25 所示），心形轮廓可变为实体形状，如图 9-2-26 所示。

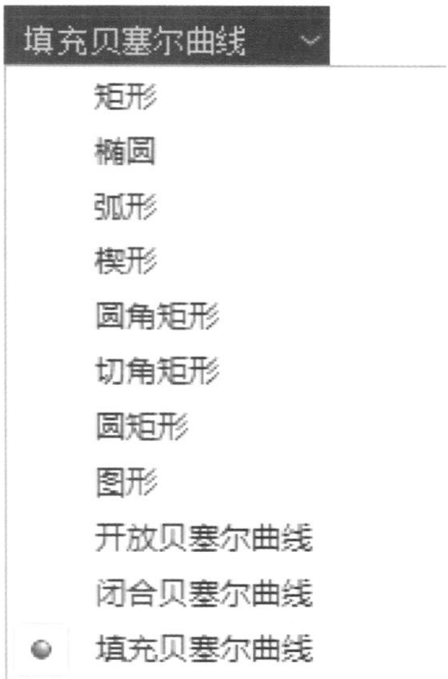

（3）为心形实体添加颜色，进行修饰美化。在填充属性中选择填充类型"斜面"；"高光颜色"为枣红色（# A00102）；"阴影颜色"为纯白色；"平衡"60；"大小"128，如图 9-2-27 所示。完成最终填充效果，如图 9-2-28 所示。

（4）完成图形组合。使用矩形工具绘制条状图形，渐变填充，左色块为粉红色（#c74314），右色块为纯白色。对绘制的心形形状，利用复制（Ctrl+C）、粘贴（Ctrl+V）制作 3 个同样图案，调整大小，放置在条状图形两侧的恰当位置上，利用旋转工具微调图案的角度，直至合适，如图 9-2-29 所示。

填充贝塞尔曲线

矩形
椭圆
弧形
楔形
圆角矩形
切角矩形
圆矩形
图形
开放贝塞尔曲线
闭合贝塞尔曲线
● 填充贝塞尔曲线

图 9-2-25 贝塞尔曲线

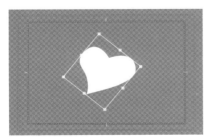

图 9-2-26 实体填充

图 9-2-27 填充属性选项组

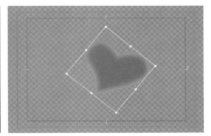

图 9-2-28 填充效果

第 9 章 影视字幕设计　　183

（5）使用文本工具 T ，输入文字"一见钟情"，选择字体，调整字体大小及位置，如图 9-2-30 所示。在填充属性选项中，选择填充类型为线性渐变，渐变颜色：左色块 #C81A1A，右色块白色，如图 9-2-31 所示。

将文字与图形配合放置，如图 9-2-32 所示。

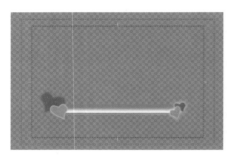

图 9-2-29　图形组合

图 9-2-30　文字属性调整

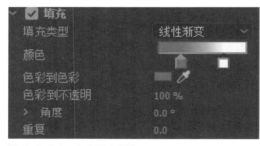

图 9-2-31　文字填充调整

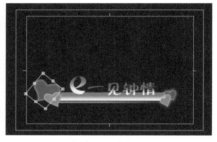

图 9-2-32　组合图形字幕

------- 第 10 章
------- # 创建运动字幕

课程学习要点

运动字幕是字幕重要的组成部分，是传递画面信息量的重要手段。在影视作品中，常常会在片中或是片尾看到字幕上下滚动或左右移动，这些游动的字幕和滚动字幕都是运动字幕。运动字幕运用得恰当与否，关系着观众对一部电视片的直观感受，是不可忽视的重要一环。

- 滚动字幕的创建与编辑
- 游动字幕的创建与编辑
- 动态字幕
- 手写动态字幕

10.1 滚动字幕

滚动字幕通常用于电影或电视节目的片尾，作为演职员表的播放使用。下面以简版的电影《山楂树之恋》的片尾字幕为例，使用 CC 字幕图形功能，讲述具体的制作方法。

（1）新建序列，设置为 PAL 4∶3 模式。选择菜单命令：【窗口】>【基本图形】命令，如图 10-1-1 所示。打开基本图形窗口，如图 10-1-2 所示。

（2）选择新建图层按钮，建立一个新的文本。基本图形面板编辑窗口如图 10-1-3 所示。

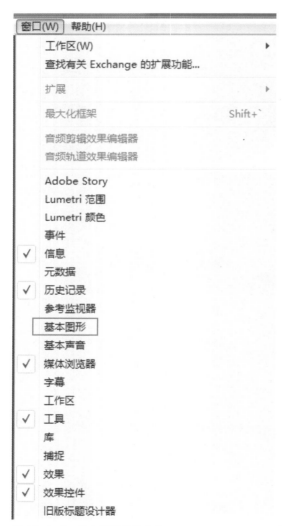

图 10-1-1　基本图形菜单命令

图 10-1-2　基本图形面板

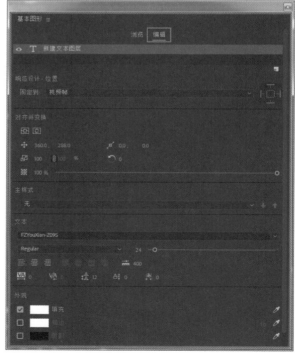

图 10-1-3　编辑窗口属性

图 10-1-4 新建文本图层

图 10-1-5 替换图层文字

（3）在节目监视器窗口的文本区输入"山楂树简版演员表"替换"新建文本图层"文字，如图10-1-4、图10-1-5所示。

（4）在编辑模式下点选字幕，使字幕框水平居中布局，选择字体：FZYouXian-Z09S；文字大小：24；填充：白色；行间距12，如图10-1-6所示。

（5）用鼠标点击取消文字激活，展开滚屏字幕设计面板，勾选滚动选项，再勾选启动屏幕外选项。过卷设置为3秒，表示字幕最后定格在屏幕的时间为3秒，如图10-1-7所示。

（6）滚动字幕以字

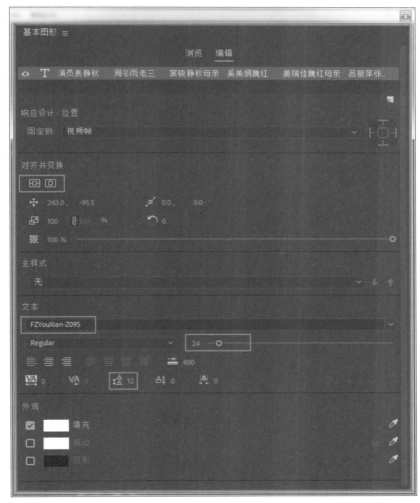

图 10-1-6 文字属性调整

幕框的下边缘为依据判定滚动字幕的位置。文字结尾处输入"播音与主持专业学生字幕练习"文字，作为定格文字，居中布局，如图 10-1-8 所示。

（7）单击"确定"按钮，关闭对话框，在时间线上播放字幕，观看滚动字幕效果。字幕播放速度由字幕长短控制，如图 10-1-9 所示。滚动字幕需要反复调整，才能达到理想状态。

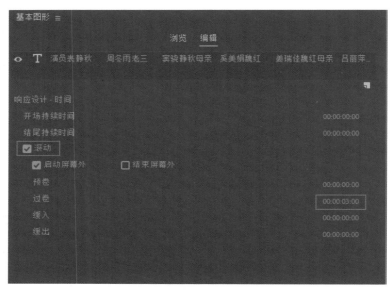

图 10-1-7　滚动字幕属性调整

图 10-1-8　字幕布局

图 10-1-9　字幕速度调整

10.2 横向滚动字幕

横向滚动字幕，通常用于播放插入消息、广告、天气预报等，一般出现在影视画面的下方。

（1）在项目面板中导入"15 道沟"8 幅风光照片，点击自动匹配到序列按钮 ，在序列自动化对话框中，选择顺序放置，画面中间覆盖叠加 25 帧，点击确定，素材全部导入序列 V1 轨，画面中间添加 1 秒的教材溶解转场。如图 10-2-1 所示。

（2）选择菜单命令：【文件】>【新建】>【旧版标题】，在弹出的对话框中输入"15 道沟"字幕名称，点击"确定"按钮，打开字幕窗口。使用文字工具在字幕编辑区下方点击，输入"15 道沟"简介文字。选择雅黑字体，字体大小 22，填充白色，如图 10-2-2 所示。

（3）单击"滚动 / 游动选项"按钮 ，在弹出的"滚动、游动选项"对话框

图 10-2-1 素材轨道布局

图 10-2-2 相应属性设置

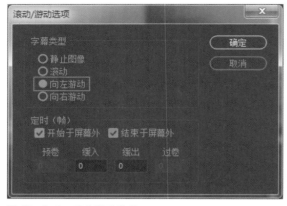

图 10-2-3　确定游动选项

中"字幕类型"一栏中选择"左游动"。游动字幕需要开始于屏幕外、结束于屏幕外。需勾选"定时（帧）"一栏中的"开始于屏幕外"和"结束于屏幕外"，如图 10-2-3 所示。然后单击"确定"按钮，关闭此对话框，回到字幕窗口位置。

（4）关闭字幕面板。将项目窗口里新建的游动字幕拖拽到时间线上，放置到视频轨的 V3 轨，长度与图片画面对齐，字幕播放速度由字幕长短控制，如图 10-2-4 所示。

（5）再建立新的字幕。命名字幕条，在游动字幕位置建立矩形图形，填充四色渐变，参数如图 10-2-5 所示。

（6）关闭字幕面板。把字幕条拖拽到时间线 V2 轨上，放置到游动字幕 V3 轨的下层，调整观看字幕播放效果，如 10-2-6 所示。

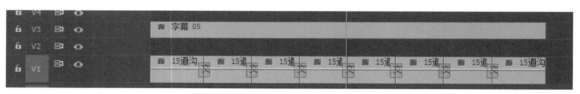

图 10-2-4　游动字幕时间线布局

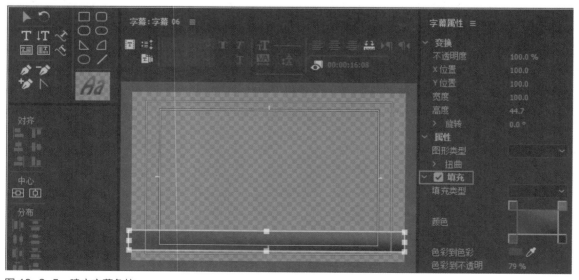

图 10-2-5　建立字幕色块

图 10-2-6　字幕播放效果

10.3　动态字幕

动态字幕运动感强烈，常常用于片头或宣传片中。

1. 创建标题字幕

（1）建立 PAL 序列，导入图片文件"毕业季"作为背景画面，如图 10-3-1 所示。

（2）打开字幕工具面板，选择文字工具 **T**。在演示窗口单击，输入"毕业季"文字，创建一个标题字幕。在字幕动作栏选择居中工具 **回**，使字幕处于

图 10-3-1　"毕业季"字幕背景

画面中间，使用选择工具▶，选中文字，调整至画面中上部，如图 10-3-2 所示。然后调整字幕属性，选择字体：方正毡笔黑简体；确定文字大小 100，字符间距 5，其他参数默认，如图 10-3-3 所示。

（3）调整字幕填充。四色渐变，颜色 1 #E6D32F；颜色 2 #C53F0A；颜色 3 #DDAA17；颜色 4 #FFFFFF，如图 10-3-4 所示。添加外描边，描边类型：边缘；大小 9；填充类型：斜面；高光颜色 #F97502，如图 10-3-5 所示；阴影颜色 #F6CA2D，如图 10-3-6 所示。

图 10-3-2　字体和布局

图 10-3-3　文字属性

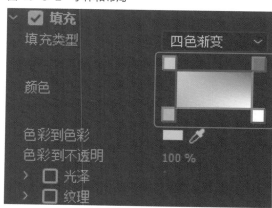

图 10-3-4　填充选项组

图 10-3-5　描边选项组

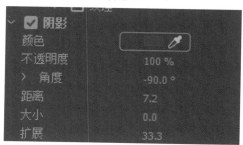

图 10-3-6　阴影选项组

（4）打开效果控件面板，激活缩放属性。1秒7帧处缩放为0，1秒22帧处缩放为100。"毕业季"文字，由小到大进行缩放，类似推拉效果，如图10-3-7、10-3-8所示。

2. 副标题字幕

（1）使用旧版标题字幕，在时间线指针2秒10帧处，建立"我的大学"字幕，作为副标题，如图10-3-9所示。字幕属性调整：汉仪陈频破体简；字符间距18；填充白色，如图10-3-10所示。

（2）在当前字幕面板，点击基于当前字幕新建字幕按钮 ，建立一个新的字幕。删除后面文字，只保留"我"字；第二次点击基于当前字幕新建字幕按钮 ，建立第二个字幕。删除后面文字，只保留"我的"文字；第三次点击基于当前字幕新建字幕按钮 ，建立第三个字幕。删除后面文字，只保留"我的大"文字；第四次点击基于当前字幕新建字幕按钮 ，建立第四个字幕。不再删除文字，保留全部文字，如图10-3-11所示。

图10-3-7　缩放28%

图10-3-8　缩放100%

图10-3-9　副标题

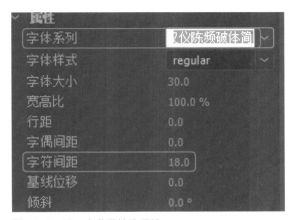

图10-3-10　字幕属性选项组

图 10-3-11 基于字幕建立字幕

（3）在2秒10帧处，依次拖动四个字幕，排列在时间线V3轨，"大学"字幕1-3的长度各8帧，最后字幕"大学04"与画面对齐，如图10-3-12所示。

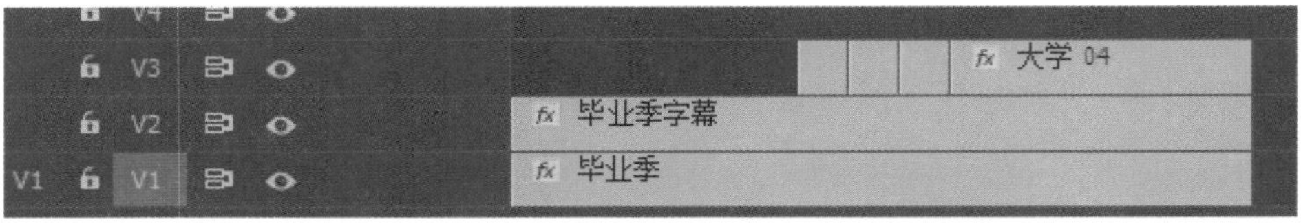

图 10-3-12 字幕时间线布局

（4）播放观看效果，副标题字幕一个字一个字地出现，类似一种真实的打字效果，如图10-3-13所示。

图 10-3-13 标题字幕制作效果

10.4 书写字幕

（1）导入图片文件"乡土"作为背景画面，如图10-4-1所示。

图 10-4-1　"乡土"字幕背景

图 10-4-2　字体和布局

图 10-4-3　基本图形面板

（2）在工具栏中选择文字工具 **T**，在演示窗口单击，输入"乡土"文字，创建一个标题字幕，如图 10-4-2 所示。

（3）打开效果控件面板或者打开基本图像面板，如图 10-4-3 所示。进行字幕布局：选择居中工具 **国**，使字幕处于画面中间，调整位置参数：89.9，161.6；使文本处于画面中上部。调整字幕属性：选择字体 FZShaoEr-M11S；确定文字大小 110；调整字幕填充，颜色 #580909。

（4）在效果面板选择生成 – 书写效果，添加给"乡土"字幕。打开效果控件面板，打开书写效果参数。调整书写效果：画笔大小 12，画笔硬度 100，白色。激活书写状态，在起点处打开画笔位置动画开关，选择书写效果选项组参数，如图 10-4-4 所示。

（6）拖动画笔起始原点到"乡"字笔画的 1 帧处。时间线指针 12 帧处，拖动笔尖到第一笔的结束位置，书写白色的一

图 10-4-4　选项组参数调整

笔尖开始位置　　　　　书写完一笔　　　　　书写进行中　　　　　书写完成

图 10-4-5　书写过程

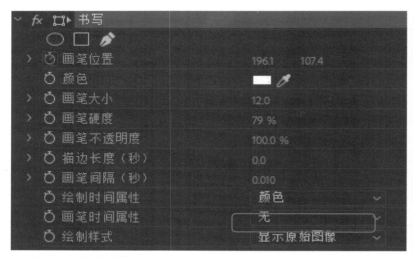

图 10-4-6　显示模式选择

图 10-4-7　书写过程

笔。以此类推，随着书写的进行，书写关键帧也不断建立，直到文字书写完成，如图 10-4-5 所示。

（7）在书写效果选项，打开绘图样式下拉菜单，选择【显示原始图像】选项，如图 10-4-6 所示。这样文字可流畅地显示出来，如同书写毛笔字的效果，如图 10-4-7 所示。

10.5　运动字幕练习

本章中所提及的各类字幕的制作过程，可作为课堂练习使用，也可作为课下练习使用。

书写效果在 PR 中完成时比较耗时，要求学生制作时要有耐心。效果完成后需要渲染，以求流畅播放。

第 11 章
添加视频效果

课程学习要点:

通过本章教学使学生了解视频效果的类型,掌握视频效果的添加、修改方法,掌握在效果控制面板中关于各种效果的不同的调整方法。

- 视频效果的添加
- 视频效果的参数设置
- 视频效果的分类解析

11.1 视频效果的应用

在后期作品调整中，通过添加视频效果，可以产生绚丽多彩的视觉感受。视频效果就是为画面文件添加特殊的处理，可用于视频、图片、字幕上，使其展现出丰富的画面效果。

11.1.1 视频效果所处位置

在 Premiere Pro CC 中，视频效果位于项目窗口中，"效果 > 视频效果"下，展开文件夹，可以看到更多的文件夹，展开每个文件夹，里面有这个类别各种不同的视频效果，如图 11-1-1 所示。

11.1.2 视频效果的添加

在 Premiere Pro CC 中，可以根据需要为同一个素材添加一个或多个视频效果，其具体添加方法如下：

1. 在序列面板上添加

展开视频效果文件夹，把选择好的视频效果按住鼠标左键将其拖拽到序列轨道的素材上，如图 11-1-2 所示。

素材被绿色相框包裹，释放鼠标，绿色相框消失，标明该素材添加了效果，如图 11-1-3 所示。

图 11-1-2　向序列素材拖动效果

图 11-1-1　视频效果所
处位置

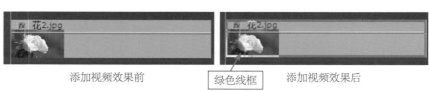

添加视频效果前　　　　　绿色线框　　添加视频效果后

图 11-1-3　添加效果

选中已添加效果的素材，打开【效果控件】面板，刚才所添加的视频效果就会排列在固有效果的后面。

提示：运动、不透明度、时间重映射这3项是每个素材固有的视频效果，图11-1-4所示。

2. 使用效果控件面板添加

可使用【效果控件】面板添加视频效果。激活序列面板上需添加效果的素材，把【效果】面板中需要的效果，直接拖至【效果控件】面板。使用效果控件面板添加是直观方便的效果添加方法。

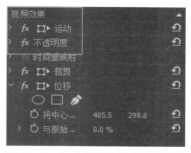

图11-1-4 【效果控件】面板效果排列

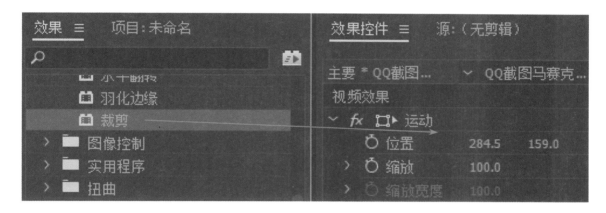

11.1.3 视频效果的调整

添加上视频效果后，可根据需要对相应的参数进行调整。

1. 效果的展开与闭合

选中添加了视频效果的素材，打开【效果控件】面板，添加的效果就会显示在【效果控件】面板上，如果效果前面的按钮呈☑状态，则效果处于展开状态，可以对其进行参数设置；如果按钮呈☑状态，则效果处于闭合状态，用鼠标左键点击即可转换为展开状态，反之则返回关闭状态。

2. 效果的开启与关闭

添加效果后，可以通过关闭☒按钮来查看效果添加前的素材效果。如果想再次启用效果，只需用鼠标在同一个位置单击，当☒按钮出现时，则代表效果已开启。

3. 效果的复制和删除

在【效果控件】面板上，选择要处理的效果，然后点击鼠标右键，从弹出的快捷菜单中选择需要的命令即可。

4. 效果参数的修改方法

在【效果控件】面板中，效果有几种不同的显示与修改方法：

◇改变数值法。很多效果参数可以通过改变数值来显示不同的效果，我们可以采用双击数值，在激活的状态下直接输入；也可以将鼠标放置在数值处，左右滑动鼠标进行调节。

◇拖动滑块法。在一些参数下方，有一个滑块区域，如： ，可以通过拖动滑块，完成参数的修改。

◇改变角度法。可以通过转动角度转盘上的指针 ，完成对数值的修改。一般用于角度和方向的修改。

◇菜单法。有些参数后有菜单选项 ，单击向下的小三角，可以弹出一个下拉菜单，然后根据需要进行选择。

◇对话框法。有些特效名称后边有一个设置 按钮，单击该按钮可以打开一个对话框，通过该对话框可以完成参数的修改。

◇颜色修改法。在进行颜色设置时，可以通过单击选项后面的颜色块 ，打开拾色器对话框，选取需要的颜色；也可以通过吸管 按钮，在屏幕上单击需要的颜色，完成颜色设置。

◇当效果参数设定完成之后，有时会发现效果不理想，需要重新设置，这个时候可以单击该特效后边的重置按钮 ，这样就可以将该效果的参数恢复到初始状态，然后再重新设置即可。支持关键帧设定的效果，包含一个动画切换开关，点击可插入关键帧，建立效果的动画属性，完成效果的动作变化。

5. 效果关键帧

通过关键帧的设定，记录效果的动态变化，完成效果的动态显示。点击效

果的动画切换开关 ，可插入关键帧，建立效果的动画属性，完成效果的动作变化。

11.2 视频效果分类解析

Premiere Pro CC 中设置的效果众多，本书将对软件自带的这些效果用直观画面比较和简洁文字描述的形式做基本介绍。

11.2.1 变换类效果

该类效果主要用来使图像的形状产生二维或透视感的三维变化。包括垂直翻转、水平翻转、羽化边缘、裁剪效果。

1. 垂直翻转、水平翻转、羽化边缘

参数设置前后效果如图 11-2-1 所示。

原图

水平翻转效果

垂直翻转效果

羽化边缘效果

图 11-2-1　垂直翻转、水平翻转、羽化边缘效果图

2. 裁剪

该效果可以根据需要对图像的四周进行修剪，并且通过缩放可以对修剪后的图像进行放大处理，参数设置前后效果如图 11-2-2 所示。

原图1

原图2

左边界的裁剪效果

裁剪合成

图11-2-2　裁剪选项组参数调整

11.2.2　扭曲类特效

该类效果主要是对图像进行不同形式的扭曲变形处理。主要包括位移、变形稳定器、变换、放大、旋转、果冻效应修复、波形变形、球面化、紊乱置换、边角固定、镜像、镜头扭曲效果。

1. 位移

对原画面进行位移复制，如图11-2-3所示。

2. 变形稳定器

变形稳定器视频效果用于摄像机不稳定，拍摄画面抖动的视频进行修复。变形稳定器自动分析，自动完成，对抖动画面进行稳定处理。

3. 变换

可使画面沿任何轴向产生歪斜效果，产生二维画面的几何透视感。如图11-2-4所示。

原图

位移效果设置

图11-2-3　位移选项组

原图

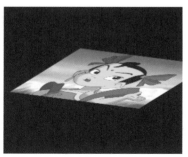

调整倾斜参数

图11-2-4　变换效果

原图

效果设置

图 11-2-5　放大效果

原图

图 11-2-6　旋转效果

调整角度参数

4. 放大

该效果可以使图像产生类似放大镜的变形效果。参数设置前后图像对比，如图 11-2-5 所示。

5. 旋转

该效果可以使图像产生旋涡变形效果，如图 11-2-6 所示。

6. 果冻效应修复

该效果可以去除由于视频素材扫描线时间延迟而产生的果冻效应扭曲的伪像，如图 11-2-7 所示。

图 11-2-7　果冻效应修复选项组

7. 波形变形

该效果可产生弯曲的波形，如图11-2-8所示。

7. 球面化

该效果可对画面进行球面凸起变形，通过滑块变形强度，产生类似放大镜的变形效果。参数设置前后图像对比，如图11-2-9所示。

8. 紊乱置换

该效果可以使图像随机产生画面扭曲效应。参数设置前后图像对比，如图11-2-10所示。

图11-2-8 波形变形效果

图11-2-9 球面化效果

图11-2-10 紊乱置换效果

9. 边角固定

该效果可以利用图像四个角坐标位置的变化对图像进行透视扭曲。当选择边角固定效果时，点击按钮 ▣，可以使图像四个角上出现四个控制手柄 ⊕，拖动控制手柄可以使图像变形，参数设置前后效果对比如图 11-2-11 所示。

◇左上、右上、左下、右下：分别用于四个角的参数设置。

10. 镜像

该效果可根据要求的方向和角度将图像沿一条直线对立成像，使画面出现对称图像。在水平方向或垂直方向取对称轴，轴左上边的图像保持不变，右上边的图像对称地补充，同镜面效果一样，图 11-2-12 为参数设置前后的对比效果。

原图

效果设置

参数设置

图 11-2-11　边角固定选项组

原图

镜像

效果选项组参数设置

图 11-2-12　镜像效果

图 11-2-13　镜头扭曲效果

原图

效果图

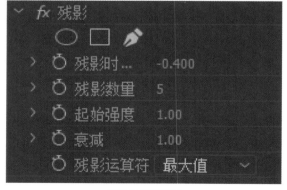

选项组参数调整

图 11-2-14　残影效果

11.　镜头扭曲

该效果可模拟波形透镜产生的变形效果，参数设置前后图像对比如图 11-2-13 所示。

11.2.3　时间类效果

时间类效果有 2 种：重影、抽帧。可设置视频画面的抽帧跳帧播放及画面重影效果。

1.　抽帧

将视频画面抽出指定的帧数，而视频时间长度不变，产生迟缓播放效果。

2.　残影

使视频运动画面产生重影效果，如图 11-2-14 所示。

11.2.4　杂色与颗粒类效果

该类效果主要对图像进行杂点颗粒的添置。其中包括中值、杂波、杂波 Alpha、杂波 HLS、灰尘与划痕、自动杂波 HLS 等 7 种特效。

1.　中值

该效果可以将指定半径内周围像素的 RGB 平均值来替换像素，使用高的值会产生美术效果。参数设置前后效果对比，如图 11-2-15 所示。

2.　杂色

该效果可以在图像上随机产生杂点效果。

参数设置前后效果对比,如图 11-2-16 所示。

3. 杂色 Alpha

该效果可以在图像的 Alpha 通道内随机产生杂波,利用 Alpha 通道内的影像画面效果。参数设置前后效果对比,如图 11-2-17 所示。

4. 杂色 HLS 和杂色 HLS 自动

该效果可以按指定的色调、亮度、饱和度添加杂波,调整杂波色的尺寸和相位。参数设置前后效果对比,如图 11-2-18 所示。

原图   半径 20 时效果

图 11-2-15   中值效果

原图   杂波 70 时效果

图 11-2-16   杂色效果

原图   杂波 73 时效果

图 11-2-17   杂色 Alpha 效果

原图   杂色 HLS 时效果

图 11-2-18　杂色 HLS 效果

原图   半径 15、阈值 0.3 时效果

图 11-2-19　蒙尘与划痕效果

5. 蒙尘与划痕

该效果可在素材画面上产生灰尘和模糊的噪波。参数：半径影像噪波范围，阈值数值越小，噪波影像越大。参数设置前后效果对比，如图 11-2-19 所示。

11.2.5　模糊与锐化类特效

该类效果主要是对图像进行各种模糊和锐化处理。包括复合模糊、方向模糊、相机模糊、通道模糊、钝化蒙版、锐化、高斯模糊。

1. 复合模糊

该效果利用其他轨道图层的明亮值使剪辑图层产生模糊效果，亮度越高，模糊越重。参数设置前后效果对比，如图 11-2-20 所示。

2. 方向模糊

该效果可在素材画面指定的方向做模糊处理，可产生画面的方向性动态模糊效果。参数设置前后效果对比，如图 11-2-21 所示。

3. 相机模糊

该效果可模仿相机焦距不准产生的模糊处理，调整百分比会对图像画面产

原图

模糊层自身，最大模糊17时效果

图 11-2-20　复合模糊效果

原图

方向90度，最大模糊长度61时效果

图 11-2-21　方向模糊效果

原图

百分比模糊15时效果

图 11-2-22　相机模糊效果

生模糊效果。参数设置前后效果对比，如图11-2-22所示。

4．通道模糊

该效果可通过调节素材的颜色通道模糊值，使素材画面产生模糊，可出现辉光效果。参数设置前后效果对比，如图11-2-23所示。

5．钝化蒙版

该效果可定义边缘颜色对比度，应用半径和阈值对图像的色彩进行锐化处理。参数设置前后效果对比，如图11-2-24所示。

6．锐化

该效果可增加相邻像素的对比度，提高画面清晰度。锐化量越高图像越锐化。参数设置前后效果对比，如图11-2-25所示。

原图 红色 15、绿色 14、蓝色 0 时效果

图 11-2-23 通道模糊效果

原图 数量 72、半径 22、阈值 0 时效果

图 11-2-24 钝化蒙版效果

原图 锐化量 62 时效果

图 11-2-25 锐化效果

原图 模糊度 13 时效果

图 11-2-26 高斯模糊效果

7. 高斯模糊

该效果可模糊和柔化图像，消除噪波，使画面更细腻。模糊度越高图像越模糊。参数设置前后效果对比，如图 11-2-26 所示。

11.2.6　生成类效果

该类效果可以给图像添加各种常见效果，如书写、单元格图案、吸管填充、四色渐变、圆形、棋盘、椭圆、油漆桶、渐变、网格、蜂巢图案、镜头光晕、闪电等。

1. 书写

该效果可在画面上完成笔画描绘的动态书写效果。书写设置前后效果对比，如图11-2-27所示。

2. 单元格图案

该效果可设置基于噪波形式的各类图案，如图11-2-28所示。

3. 吸管填充

该效果可在画面上采样不同的素材来填充画面，产生全图纯色效果。将混合模式应用于原图会加重采样色效果，如图11-2-29所示。

4. 四色渐变

该效果可在画面上产生四色混合渐变图案，应用关键帧可产生动态四色渐变效果，如图11-2-30所示。

4. 圆形

该效果可在画面上产生圆或圆环，在混合模式下形成图层混合效果，如图11-2-31所示。

原图

书写设置

图11-2-27　书写选项组参数调整

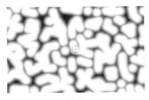

管状

晶格

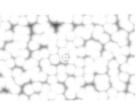

气泡

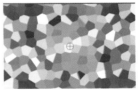

印版

图11-2-28　单元格效果

原图

采样点277.4，271.5

图11-2-29　吸管填充效果

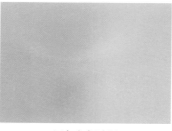

四色默认效果　　　　　　　　四色变色过程　　　　　　　　四色对倒效果

图 11-2-30　四色渐变效果

上层图　　　　　　　　　　下层图　　　　　　　　　　圆形合成

图 11-2-31　圆形效果

原图　　　　　　　　　　　效果图　　　　　　　　　　柔光混合

图 11-2-31　棋盘效果

5. 棋盘

该效果可在画面上产生棋盘图案，在混合模式下形成图层混合效果，如图 11-2-31 所示。

6. 椭圆

该效果可以为图像添加一个椭圆形的图案，并且可以利用图案制作遮罩效果，如图 11-2-32 所示。

7. 油漆桶

该效果可在画面上把某个区域色彩反差鲜明的颜色替换为吸管选取的颜色。如图 11-2-33 所示，在吸取草地和汽车时，在混合模式下形成颜色替换效果。

原图

添加椭圆效果

图 11-2-32　椭圆效果设置

原图　　　　　　　　　　　混合模式柔光　　　　　　　　　　　混合模式相乘

图 11-2-33　油漆桶效果

原图　　　　　　　　　　　彩色线性渐变　　　　　　　　　　　透明度50%

图 11-2-34　渐变效果

8.　渐变

该效果可在画面上产生渐变效果，既可以产生线性或径向渐变，也可以调整渐变颜色，使其与原图内容混合，如图11-2-34所示。

9.　网格

该效果可以在素材画面上设置网格图案来修饰画面。网格的数量、大小、羽化、混合模式均可调整，如图11-2-35所示。

10.　镜头光晕

该效果可以模拟当强光照射镜头时，图像上产生的光晕效果。参数设置前后效果对比，如图11-2-36所示。

◇光晕中心：设置光晕发光点的中心位置。

◇光晕亮度：设置光晕的强度。

◇镜头类型：用于选择模拟镜头的类型。打开右侧下拉菜单，有三个选项可供选择。

◇与原始图像混合：设置特效与原始图像的混合比例。数值越大，与原始图像越接近。

11．闪电

该效果可在画面上产生闪电或类似闪电效果，闪电效果参数众多，模拟效果感真实，如图 11-2-37 所示。

原图

强光网格

图 11-2-35　网格效果

原图

效果参数设置后

图 11-2-36　镜头光晕

原图

闪电

图 11-2-37　闪电效果

11.2.7 视频类效果

此类效果有五种，具体如下：

1. 时间码

在画面上实时显示当前时间的时码显示，如图 11-2-38 所示。

2. 剪辑名称

在画面上实时显示时间线上素材的名称，如图 11-2-39 所示。

3. 简单文本

在画面上实时显示简单文本内容，如图 11-2-40 所示。

4. SDR 遵从效果

在画面上实时显示 SDR 画面遵从情况，如图 11-2-41 所示。

11.2.8 过渡类效果

该类效果主要用来制作图像间的画面转换效果，与视频切换效果类似。该类效果有块溶解、径向擦除、渐变擦除、百叶窗、线性擦除等，如图 11-2-42 所示。

图 11-2-38 时间码

图 11-2-39 画面显示素材名称

图 11-2-40 画面显示简单文本

HDR

SDR

图 11-2-41 SDR 遵从情况效果与 HDR 画面比较

11.2.9　透视类效果

该类效果主要用于给图像添加各种透视效果。包括基本 3D、投影、放射阴影、斜角边、斜面 Alpha，如图 11-2-43 所示。

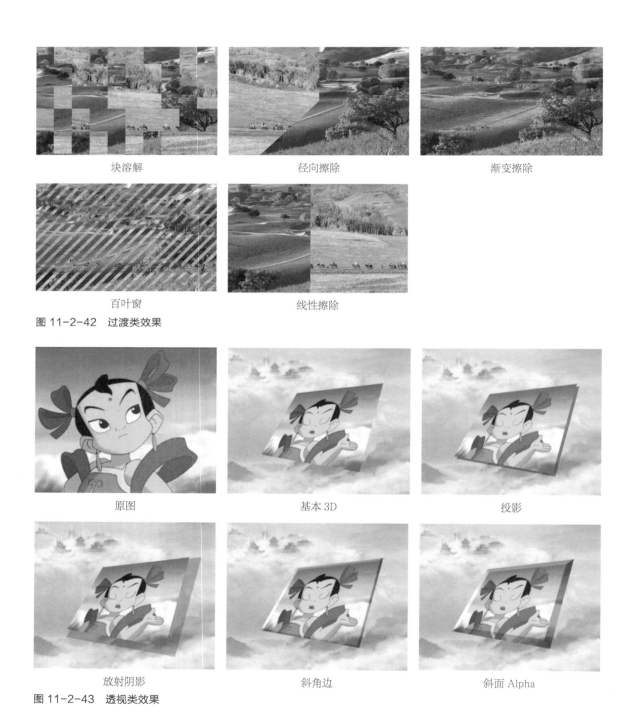

块溶解　　　　　　　　　径向擦除　　　　　　　　　渐变擦除

百叶窗　　　　　　　　　线性擦除

图 11-2-42　过渡类效果

原图　　　　　　　　　　基本 3D　　　　　　　　　　投影

放射阴影　　　　　　　　斜角边　　　　　　　　　　斜面 Alpha

图 11-2-43　透视类效果

11.2.10 通道类效果

该类效果主要是通过各种通道的设置，来修饰或合成画面。反转、复合运算、混合、算术、纯色合成、计算、设置遮罩7种效果。

1. 反转

该效果可以将指定的通道的颜色反转成相应的补色。参数设置前后效果对比，如图11-2-44所示。

2. 复合运算

在轨道的素材间进行合成的方法，需指定源图层位置进行运算，才能完成合成。参数设置前后效果对比，如图11-2-45所示。

3. 混合

这是一种在轨道素材间混合图像的模式。通过指定混合素材的轨道，使用

原图 反转

图 11-2-44 反转效果

原图 第二源图层

复合运算

图 11-2-45 复合运算选项组参数设定

交叉叠化、仅颜色、仅色彩、仅变暗、仅变亮五种混合模式中的任意一种混合两个素材。如图11-2-46所示，为两个素材在交叉叠化模式下的混合效果。

4. 算术

通过滤色通道处理的效果。参数设置前后效果对比，如图11-2-47所示。

5. 纯色合成

通过单色混合，改变混合颜色。参数设置前后效果对比，如图11-2-48所示。

原图

混合图层

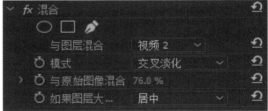

混合

图 11-2-46　混合选项组参数设定

原图

算术

图 11-2-47　算术选项组参数设定

原图   纯色合成

图 11-2-48   纯色合成选项组参数设定

原图   第二图层

计算

图 11-2-49   计算选项组参数设定

6. 计算

将两个轨道上的素材通过通道计算合成为一体。参数设置前后效果对比，如图 11-2-49 所示。

原图   遮罩图

设置遮罩   参数设置

图 11-2-50　设置遮罩

7. 设置遮罩

通过设置遮罩图层，添加适合的制作形式，进行图像合成处理。参数设置前后效果对比，如图 11-2-50 所示。

11.2.11　风格化类效果

该类效果主要是使图像产生各种不同的变化，形成丰富的视觉效果。主要包括 Alpha 辉光、复制、彩色浮雕、抽帧、曝光过度、查找边缘、浮雕、笔触、画笔描边、粗糙边缘、纹理化、闪光灯、阈值、马赛克等效果。

1. Alpha 辉光

对带有 Alpha 通道的图层，沿画面周围产生辉光效果。参数设置前后效果对比，如图 11-2-51 所示。

2. 复制

该效果可以将图像进行水平和垂直复制，使其呈现多个图像。参数设置前后效果对比，如图 11-2-52 所示。

3. 彩色浮雕

该效果通过锐化图像中物体的轮廓，并修整图像的颜色来产生浮雕效果。如图 11-2-53 所示，为使用彩色浮雕效果后的画面对比。

原图

Alpha 图

Alpha 辉光合成

参数设置

图 11-2-51　Alpha 辉光选项组参数设定

原图

复制图

图 11-2-52　复制效果

原图

彩色浮雕

图 11-2-53　彩色浮雕效果

原图   抽帧级别 2

图 11-2-54　抽帧效果

原图   阈值 50   阈值 100

图 11-2-55　曝光过度效果

4．抽帧

该效果可对画面色阶值进行调整，控制素材的对比度和亮度，产生海报效果的画面。参数设置前后效果对比，如图 11-2-54 所示。

5．曝光过度

该效果可使视频画面产生正片和负片相互混合的效果。参数设置前后效果对比，如图 11-2-55 所示。

6 查找边缘

该效果可强化过渡像素，形成彩色线条，产生类似铅笔勾画的素描效果。参数设置前后效果对比，如图 11-2-56 所示。

7．浮雕

该效果可锐化图像物体边缘，产生灰色浮雕效果。参数设置前后效果对比，如图 11-2-57 所示。

8．画笔描边

该效果可模拟一种油画风格效果。参数设置前后效果对比，如图 11-2-58 所示。

原图 查找边缘

图 11-2-56 查找边缘效果

原图 浮雕

图 11-2-57 浮雕效果

原图 画笔描边

图 11-2-58 画笔描边效果

9. 粗糙边缘

该效果可使图像边框产生类似腐蚀、溶解、锈迹等粗糙化效果。参数设置前后效果对比，如图 11-2-59 所示。

原图

底图

粗糙边缘

图 11-2-59　粗糙边缘选项组效果

原始图 1

原始图 2

纹理图 1

纹理图 2

图 11-2-60　纹理化效果

10. 纹理化

该特效需要在两层画面中完成，通过把某轨道中的画面纹理映射到当前轨道素材上，产生类似浮雕效果的画面。参数设置前后效果对比，如图 11-2-60 所示。

11. 闪光灯

该效果可模拟闪光灯频闪现象。参数设置前后效果对比，如图 11-2-61 所示。

12. 阈值

该效果可通过锐化图像中物体的轮廓，产生浮雕效果。参数设置前后效果对比，如图 11-2-62 所示。

13. 马赛克

该效果可以使图像呈现出块状的马赛克效果。参数设置前后效果对比，如图 11-2-63 所示。

11.2.12 沉浸式视频类效果

Premiere Pro CC 增强了对 VR 视频的全方面支持，新增了 11 项 VR 效果。

这些效果包括：VR 分形杂色、VR 发光、VR 平面到球面（反向变形，避免在 VR 视角下预览产生畸变）、VR 投影（调整画面中三个轴向的方向）、VR 数字故障（模拟电视信号

原图

闪光灯

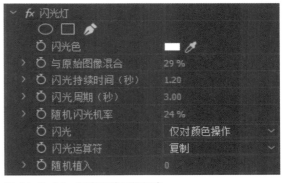

图 11-2-61　闪光灯选项组设定

原图

图 11-2-62　阈值效果

阈值设置

原图　　　　　　　　　　　　　马赛克设置

图 11-2-63　马赛克选项组

图 11-2-64　shine 效果

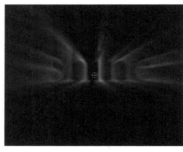

干扰的效果）、VR 旋转球面、VR 模糊、VR 色差、VR 锐化、VR 降噪、VR 颜色渐变，要达到这些效果，需要 GPU 加速支持。

11.2.13　Trapcode 插件组效果

Trapcode 是著名的插件，Premiere Pro CC 版本使用了其中的 Shine 和 Starglow 两个光效，如图 11-2-64 和 11-2-65 所示。

图 11-2-65　starglow 效果

11.3　效果应用练习

利用书中提供的案例素材，参照书中的各类效果案例，模仿练习，完成各类效果调整。通过动手练习，真正了解和掌握效果调整的方法，才能在实际制作中准确、灵活地应用。

第 12 章

视频颜色的调整和校正

课程学习要点

　　色彩校正是图像修饰的一个重要部分，当所得到的影视画面色彩质量不完美时，Premiere Pro CC 的色彩调整功能可以很好地完成这些画面颜色的修复或调整。

　　对色彩的调整需要了解颜色的原理，在图像调整处理中才不会茫然。在视频中，色彩校正包括调整图像中的色相（饱和度或色度）和明亮度（亮度和对比度）。调整视频剪辑中的颜色和明亮度可以消除影视素材画面的色偏，校正过暗或过亮的视频或更改颜色以满足剪辑要求。

- 色彩概述
- 色彩校正效果

对色彩的调整需要了解颜色的原理、调色的基本形式，在图像处理中才不会茫然，才能更快、更准确地调整颜色。

1. 色相

色相指的是色彩的外相，是色彩的首要特征，各类色彩的相貌称谓，指果实着色的样子和程度。在不同波长的光的照射下，人眼所感觉到的不同的颜色，最基本的色相为：红、橙、黄、绿、蓝、紫。在各色中间加插一两个中间色，其头尾色相，按光谱顺序为：红、红橙、橙、黄橙、黄、黄绿、绿、绿蓝、蓝绿、蓝、蓝紫、紫、红紫，可制出 12 基本色相环。它有两个色相色谱，拉动色相的滑杆可以改变色相，上方的色谱是固定的，下方的色谱会随着色相滑杆的移动而改变。这两个色谱的状态其实就是在告诉我们色相改变的结果。色相的调整也就是改变它的颜色，如图 12-1-1 所示。

2. 饱和度

饱和度（Saturation）是指色彩的鲜艳程度、纯净程度，是色彩的构成要素之一。纯度越高，表现越鲜明；纯度越低，表现则越黯淡。每一种颜色都有一种人为规定的标准颜色，饱和度就是用来描述颜色与标准颜色之间的相近程度的物理量。调整饱和度就是调整图像的彩度。将一个图像的饱和度调为零时，图像则变成一个灰度图像。越鲜艳的色彩通常就被认为色彩越饱和。

3. 明度

明度就是各种颜色的图形原色的明暗度，亮度调整也就是明暗度的调整。亮度范围从 0 到 255，共分为 256 个等级。而我们通常讲的灰度图像，就是在纯白色和纯黑色之间划分了 256 个级别的亮度，也就是从白到灰，再转黑。在不同亮度下，色彩的亮度越高，颜色越淡，最终呈现为白色。色彩的亮度越低，颜色越重，最终呈现为黑色。

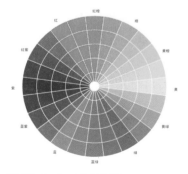

图 12-1-1　12 色相环

12.2 色彩校正效果应用

12.2.1 颜色校正类效果

主要作用调整素材画面的色彩，修正受损的素材。色彩校正类特效在色彩调整方面的控制选项更为详尽，对画面色彩的校正效果可控性较强。

1. 亮度与对比度

主要是用来调整图像的亮度和对比度，对比度是指不同颜色之间的差异。对比度越大，两种颜色之间相差越大。反之，就越接近。一幅图像如果因过度曝光显得很白，或者因光线不足显得很暗，可以通过调节图像的亮度与对比度来获得画面整体效果的提升，如图12-1-2所示。

原图 调整图

原图 分色图

图 12-1-2　亮度对比度选项组调整

2. 分色

主要用于局部控制视频画面的饱和度。可以选择图像中的某些颜色，降低未选中颜色的饱和度，使其产生颜色分离效果，如图12-1-3所示。

图 12-1-3　分色效果选项组参数调整

3. 均衡

主要是用来降低图像中色彩的反差，均化图像的像素值，重新分布图像中像素的亮度值，以便它们更均匀地呈现所有范围的亮度级。当图像显得暗时，平衡这些值可以产生较亮的图像，如图12-1-4所示。

4. 更改为颜色

对指定画面的颜色，使用其他颜色替换指定的颜色，画面中其他颜色不发生变化，如图12-1-5所示。

原图 均衡效果图

图 12-1-4　均衡选项组参数设定

原图 　　　　　　　　更改为颜色效果图

图 12-1-5　更改为颜色选项组

原图 　　　　　　　　更改颜色效果图

图 12-1-6　更改颜色选项组

原图 　　　　　　色彩效果图

图 12-1-7　色彩选项组参数设定

5. 更改颜色

对指定画面的颜色，在图片色彩范围内调整色相、亮度和饱和度来变化指定的颜色，画面中其他颜色不发生变化，如图 12-1-6 所示。

6. 色彩

用于修改图像的颜色信息。在默认参数下，着色量为 100% 时，彩色画面产生失色效果，如图 12-1-7 所示。

7. 视频限幅器

该效果用于限制剪辑中的明亮度和颜色，使其定义在合理的范围内。主要用于使视频信号在满足广播限制的情况下尽可能地保留视频，如图 12-1-8 所示。

8. 通道混合器

根据通道颜色调整视频画面效果，通过为每一个通道设置不同的颜色偏移量，校正图像的色彩，如图 12-1-9 所示。

9. 颜色平衡

可对图像的暗部、中间调、高光区进行红、绿、蓝色调的调整，改变相应区域的色调效果，如图 12-1-10 所示。

10. 颜色平衡（HLS）

主要是通过调整色调、饱和度、明亮度对画面进行统一调整，如图 12-1-11 所示。

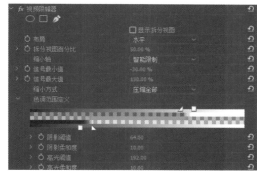

图 12-1-8　视频限幅器选项组

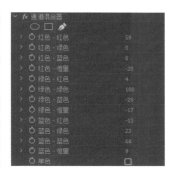

原图　　　　　　　　　　通道混合效果图

图 12-1-9　通道混合器选项组设定

原图　　　　　　　　　　颜色平衡效果图

图 12-1-10　颜色平衡选项组参数调整

原图　　　　　　　颜色平衡（HLS）效果图

图 12-1-11　颜色平衡（HLS）选项组

12.2.2　调整类效果

该类效果包括 ProcAmp、光照效果、卷积内核、提取、色阶效果等。

1．ProcAmp 效果

该效果可同时调整图片素材的亮度、对白度、色相和饱和度，方便对色彩的几个要素进行同时调整，参数设定单一，如图 12-2-1 所示。

2．光照效果

该效果可为图像增添光照效果，并可以通过参数调整，制作出多种不同的灯光效果，如图 12-2-2 所示，

与原图比较

ProcAmp 选项组

图 12-2-1　ProcAmp 效果

原图

光照效果

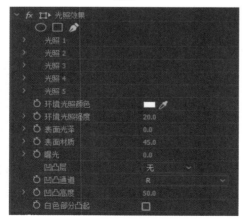

图 12-2-2　光照效果选项组调整

原图 卷积内核效果图

图 12-2-3 卷积内核选项组参数设定

原图 提取效果图

图 12-2-4 提取选项组参数设定

3. 卷积内核

该效果比较复杂，根据数学卷积分的运算，来改变图像中像素的亮度值，实现调整效果。单个调整可以调整画面的亮度，组合项调整可以实现类似浮雕、重影等效果，如图 12-2-3 所示。

4. 提取

该效果可以去除画面的彩色信息，将图像转化成灰度画面，通过定义灰度级别来控制图像的黑、白比例。参数设定前后效果对比，如图 12-2-4 所示。

5. 色阶

色阶是表示图像亮度强弱的指数标准，主要作用是控制图像素材的亮度和对比度，调整图像画面的阴影、中间调、高光范围，修正图像的色彩颜色范围和色彩平衡。色阶依靠直方图的基础来改变图像和区域的明亮度，如图 12-2-5 所示。

原图 色阶效果图

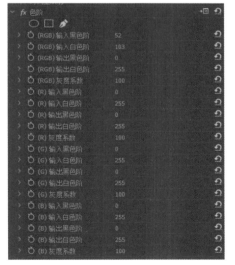

图 12-2-5 色阶选项组参数调整

图 12-2-6　城市原图

图 12-2-7　灰度系数校正效果

图 12-2-8　颜色平衡（RGB）效果

图 12-2-9　颜色替换效果

图 12-2-10　颜色过滤效果

图 12-2-11　黑白效果

12.2.3　图像控制类效果

该效果包括灰度系数校正、颜色平衡（RGB）、颜色替换、颜色过滤、黑白 5 个控制效果。主要用于颜色替换、更改图像色彩等，参数相对简单，调整也比较直接。以下以"城市原图"画面为例（如图 12-2-6 所示），说明图像控制类各种效果的应用。

灰度系数校正：调整画面灰度级别，改善画面显示效果。为"城市原图"画面添加灰度系数校正效果，如图 12-2-7 所示，为灰度系数为 26 时的画面效果。

颜色平衡（RGB）：调整 R、G、B 颜色通道，更改色相，调整画面色彩。为"城市原图"画面添加颜色平衡效果，如图 12-2-8 所示，这是参数中的红色值为 163、绿色值为 99、蓝色值为 43 时的画面效果。

颜色替换：仅改变画面中某一区域的颜色，其他区域色彩不变。为"城市原图"画面添加颜色替换效果，如图 12-2-9 所示，这是目标颜色为浅绿色（#569564），替换棕色（#935C46）时的画面效果。

颜色过滤：指定某一区域颜色不变，使其他区域颜色失色。为"城市原图"画面添加颜色过滤效果，如图 10-2-10 所示，这是颜色为浅蓝色（#A1C9F6），相似性 33 时的画面效果。

黑白：画面整体颜色失色，变为黑白图，如图 12-2-11 所示。

12.2.4　Lumetri Color 面板简介

Premiere Pro CC 中的 Lumetri 颜色面板，为剪辑者提供了一个全新的颜色工作区，可以应用专业颜色工具完成专业颜色调整。

在窗口菜单打开工作区命令，然后打开颜色工作区。画面右侧为 Lumetri 颜色面板。设有基本校正、创意、曲线、色轮、HSL 辅助、晕影等设置。也可以使用 Lumetri 效果命令调节画面。下面以"风光"画面为例，应用 Lumetri 效果命令调整画面，如图 12-2-12 所示。

其中基本校正的 LUT 采用 D21_delogC_EI0200_B1 颜色分级选项，创意

风光原图　　　　　　　　　　　　　　　　Lumetri 添加

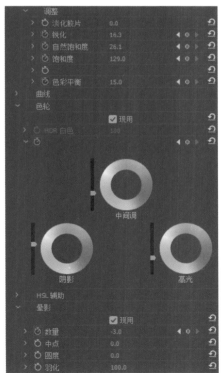

Lumetri 选项组参数调整

图 12-2-12　Lumetri Color 效果

look 采用 SL_BLUE STEEL 创意样式，参数选项组中的所有蓝色数值为修改后的效果值。

12.2.5　Obsolete 类效果

该类效果包括快速模糊、自动对比度、自动颜色、阴影／高光等，是视频调整中使用频率高的效果，此类效果一般自动添加，软件会根据图像自动进行调整。如图 12-2-13 所示，这是未做任何参数更改的画面效果比较。

12.2.6　过时效果

该类效果包括 RGB 曲线、颜色校正器、三向颜色校正器、亮度曲线、亮

图 12-2-13　Obsolete 效果

度校正、快速颜色校正器、自动色阶效果，此类效果是以往常用的颜色调整方法。主要采用调整曲线、色阶、亮度、色盘的方法。

快速颜色校正器：使用色相和饱和度控件调整图像的颜色；使用色阶调整阴影、中间调和高光度，如图 12-2-14 所示。

RGB 曲线：可调整图像画面的阴暗关系和色彩变化，如图 12-2-15 所示。

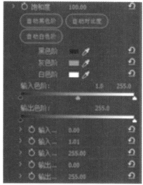

图 12-2-14　快速颜色校正器调整

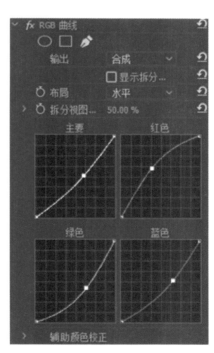

图 12-2-15　RGB 曲线调整

12.2.7 实用程序类效果

Cineon 转换器

Cineon 转换器是一个高度数图形颜色转换器，如图 12-2-16 所示。

原图　　　　　　　　　　　　Cineon 转换效果

Cineon 选项组参数设定

图 12-2-16　Cineon 转换器效果

【转换类型】指定图像的转换类型；【10 位黑场】值越大，黑色区域所占比重越大；【内部黑场】值越小，黑色区域所占比重越大；【10 位白场】值越小，白色区域所占比重越大；【内部白场】值越小，白色区域所占比重越大；【灰度系数】设置灰度系数的大小；【高光滤除】值越大，高光所占比重越大。

12.3　色彩校正练习

利用本章提供的颜色类调整素材，参照书中的各类颜色调整案例，模仿练习，完成各项颜色调整。通过动手练习，真正了解和掌握颜色调整的方法，才能在实际制作中准确、灵活地应用。

第 13 章

影片合成技术

课程学习要点

　　合成是影片剪辑的特色，是完成优秀影片的一种视频编辑方法，Premiere Pro CC 作为功能强大的视频编辑软件，具有基于轨道的完美合成功能。通过本章教学可使学生认识、了解视频合成制作理念，灵活应用视频合成工具，掌握遮罩、蒙版、通道和键控技术的应用。

- 视频合成的基本原理
- 键控抠像特效
- 遮罩、蒙版合成技术

13.1 视频合成的基本原理

剪辑者在剪辑时往往把多个素材放在多个轨上叠加，在多个轨上的素材由上到下排列，人们看到的是最上层的内容，下层内容被上层内容遮盖。欲看到下层轨道的素材，需要设定图像素材，包含透明信息，叠加合成产生画面的透明叠加效果。当上方轨道中的素材片段含有透明信息时，会根据透明范围和透明程度显示其下方的轨道素材的内容，如图 13-1-1 所示。

Alpha 通道，是产生透明的常用方法。图像的透明信息储存在其 Alpha 通道中，这种带有透明信息的图片或视频素材，可以由相关软件制作。一般的素材本身没有 Alpha 通道，可使用遮罩、蒙版或抠像的方法来创建透明区域。

◇抠像：是根据素材片段的颜色或亮度等信息定义透明区域，使用基于颜色的抠像移除统一的背景色，来保留所需要信息的方法。

◇遮罩、蒙版：Premiere Pro CC 版本提供了图像遮罩、蒙版功能，不但可以产生固定区域的透明，还可以根据跟踪功能，产生运动区域的透明。

13.2 使用抠像

在电视制作中，键控被称作抠像。抠像是运用虚拟技术，将背景进行特殊

图 13-1-1　视频合成效果

透明叠加的一种技术。它是影视合成中常用的使背景透明的方法，通过除去指定区域的颜色，使其透明来完成和其他素材的合成效果，如图 13-2-1 和图 13-2-2 所示。

13.2.1　抠像素材的准备

一般选择蓝色或绿色背景进行拍摄，演员在蓝色或绿色背景前进行表演，然后将拍摄的素材数字化，并且使用键控技术，将背景颜色透明化。计算机产生一个 Alpha 通道识别图像中的透明度信息，然后与电脑制作的场景或者其他场景素材进行叠加合成。背景之所以使用蓝色或绿色是为了使其区别于人的身体颜色。

素材质量的好坏直接关系到抠像效果。光线对于抠像素材是至关重要的，因此在前期拍摄时就应非常重视如何布光，确保拍摄素材达到最好的色彩还原度。

13.2.2　设置抠像

要进行抠像合成，一般情况下，至少需要在抠像层和背景层上下两个轨道上安置素材。抠像层是指人物在蓝色或绿色背景前拍摄的素材画面，背景层是指要在人物背后添加的新的背景素材画面。抠像层在背景层之上，素材完成抠像后，会透出底下的背景层。在特效控制台上可以打开键控效果，调整抠像参数。

1. 超级键

超级键是对透明画面进行调整和修饰的键控，如图 13-2-3 和 13-2-4 所示。

超级键参数较多，其参数调整大体分为四类。

◇遮罩生成：调整画面透明程度、高光、阴影等。

◇遮罩清理：调整抑制、柔和、对比度、中间点。

◇溢出抑制：调整范围、溢出、明度等。

图 13-2-1　抠像

图 13-2-2　抠像合成

图 13-2-3　超级键抠像

图 13-2-4　超级键合成效果

图 13-2-5　非红色抠像

图 13-2-6　非红色抠像合成效果

图 13-2-7　颜色键抠像

◇色彩校正：调整饱和度、色相、亮度等。

2. 非红色键

非红色键，如图 13-2-5 和 13-2-6 所示。

◇阈值：调整被叠加图像蓝色背景的不透明度。

◇屏蔽度：调整被叠加图像的屏蔽程度。

◇去边：用于去除蓝色或绿色边缘的颜色。

◇平滑：调整图像边缘平滑程度。

◇仅蒙版：勾选后，图像以蒙版形式显示。

3. 颜色键

颜色键抠像效果，可以将与指定抠像颜色相近的颜色抠出来，与色度键抠像效果基本相同，它不仅突出了边缘处理功能，还能制作出类似描边的效果，如图 13-2-7 和 13-2-8 所示。

参数的设定：

◇主要颜色：借助吸管工具，选择不透明度的颜色值。

◇颜色宽容度：设置目标颜色区域范围，数值越高，区域越宽。

◇薄化边缘：调节抠像边缘的粗细。

◇边缘羽化：设置抠像区域边缘的羽化度。

4 亮度键

亮度键抠像效果适用于画面对比强烈的图像，可以抠出素材画面的暗部或亮部区域，而保留需要保留的区域。它适用于画面对比强烈的图像，如 13-2-9 和 13-2-10 所示。

◇阈值：调整被叠加图像蓝色背景的不透明度。

◇屏蔽度：设置前景色与背景色的对比度。

图 13-2-8　颜色键抠像合成效果

图 13-2-9　亮度抠像

图 13-2-10　亮度抠像合成效果

13.3 遮罩、蒙版技巧

遮罩、蒙版产生的透明可以将形象和编辑完美地结合起来，创建出复杂的合成效果。

13.3.1 设置遮罩

1. 创建图像遮罩键

图像遮罩键效果可以以合成图像的 Alpha 通道或亮度信息决定透明区域，白色部分保留，灰色部分过渡，黑色部分透明，如图 13-3-1 所示。

◇合成使用：合成方式。

◇反向：勾选后，效果反转。

遮罩效果主要以灰度图作为图像，白色保留图像有效区域，黑色定义透明区域，灰度为中间过渡区域。这种灰度图一般放在欲添加遮罩效果的上轨道，灰度图可以在 photoshop 等软件里完成。

2. 差值遮罩键

该效果通过对两幅类似画面相对应部分的比较，除去素材片段中与图像相对应的部分区域，保留差异部分，如图 13-3-2 所示。

◇视图：确定合成效果的显示方式。

◇差值图层：确定作为差异匹配的图像所在的轨道。

灰度图　　　　　　　　合成画面　　　　　　　　合成效果

图 13-3-1　遮罩合成

原图　　　　　　差异图　　　　　　合成图　　　　　　合成效果

图 13-3-2　差值遮罩键

◇如果图层大小不同：确定图像差异匹配的展开方式。

◇匹配宽容度：用于设置颜色对比的范围大小。

◇匹配柔和度：调整透明和不透明区域的柔和程度。

◇差值前模糊：比较对两个层做细微的模糊清楚图像的杂点。

3. 轨道遮罩键

该效果可以使用上面轨道的一个（灰度）文件作为遮罩，在合成素材上创建透明区域，从而显示部分背景素材，以进行合成。由于轨道的素材可以控制运动属性，画面合成可产生动态效果，如图 13-3-3 所示。

◇遮罩：设置欲作为遮罩的素材所在的轨道。

◇合成方式：选择遮罩的方式。

◇反向：勾选后，遮罩效果反转。

灰度图

原图

合成图

合成效果

图 13-3-3 遮罩合成

4. 移除遮罩

该效果可以使原来的蒙版区域扩大或减小。移除遮罩键，在施加了"轨道遮罩键"效果的素材上添加"移除遮罩键"效果，可去除黑白边。

遮罩类型：选择确定去除黑白色，如图 13-3-4 所示。

图 13-3-4　添加和未有添加移除遮罩效果比较

13.3.2　设置蒙版

1. 建立蒙版

每个效果前都设有蒙版形状工具组，可以添加圆形、矩形蒙版；使用钢笔工具可以添加任意形状的蒙版，如图 13-3-5 所示。

在【效果控件】面板单击创建形状蒙版按钮，在节目监视器面板可以看到所创建的蒙版，如图 13-3-6 所示。

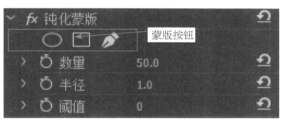

图 13-3-5　蒙版形状工具组

将鼠标移动到蒙版中间时，鼠标会以小手形状显示，拖动鼠标可以整体移动蒙版。将鼠标放到蒙版边缘的控制点，鼠标变为三角箭头形状时，拖动控制点可以改变蒙版的形状。每个蒙版边缘都延伸出一个把手，上面有三个控制点。最外侧的是空心点，沿着把手可以向外拖动延伸，用于控制蒙版的羽化量，越向外羽化越大。把手中间控制点用于

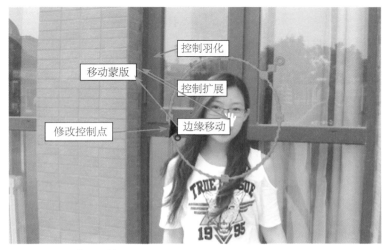

图 13-3-6　蒙版调整

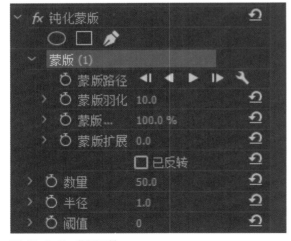

图 13-3-7　蒙版属性

调整蒙版的扩展，沿着把手向外延伸，可以控制蒙版向外扩展。把手最里面与蒙版边缘相连的控制点，可以沿着蒙版边缘移动，调整把手的方向。

添加蒙版后，【效果控件】面板会显示对应的属性选项，如图 13-3-7 所示。

◇蒙版路径：用于跟踪蒙版。

◇蒙版羽化：使蒙版边缘产生羽化效果。

◇蒙版不透明度：调整蒙版的可视程度。

◇蒙版扩展：可以调整蒙版的大小。

◇已反转：蒙版翻转。

2. 蒙版跟踪

蒙版具有画面动态跟踪功能。建立蒙版后，可以使蒙版跟踪运动的画面。

案例：人物跟踪局部马赛克效果

（1）创建蒙版

将视频素材导入到序列中，如图 13-3-8 所示。

在效果面板上选择风格化马赛克效果，拖到序列素材上，添加马赛克效果。在【效果控件】面板上，打开马赛克效果属性，单击创建椭圆形蒙版按钮。调整蒙版的大小和位置，使蒙版完全挡住人物面部。设置马赛克水平块和垂直块均为 34，如图 13-3-9 所示。

第一帧

图 13-3-8　素材画面

最后一帧

图 13-3-9　调整蒙版属性

（2）创建跟踪

在【效果控件】面板，打开马赛克效果，单击跟踪方法按钮🔧，选择采用位置选项。时间指针在素材开始位置，选择向前跟踪所选蒙版按钮▶，如图 13-3-10 所示。

在节目监视器面板上，监看跟踪效果。【正在跟踪】面板会显示跟踪进度。如图 13-3-11 所示，跟踪完成后，播放监看跟踪效果，马赛克始终遮挡人物面部。

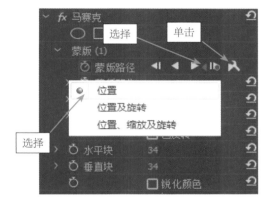

图 13-3-10　设置人物跟踪

图 13-3-11　预览跟踪效果

13.4 使用带有 Alpha 通道的素材

带有 Alpha 通道的素材，自身含有透明信息。每个时间线轨道都带有 Alpha 通道，这种素材放在轨道上就是透明的。使用 Alpha 调整键可以完成对通道的调整，如图 13-4 所示。

Alpha 调整键

◇透明度：调整画面的透明程度。

◇忽略 Alpha：勾选后，可以忽略 Alpha 通道。

◇反相 Alpha：勾选后，可以对通道进行反转处理。

◇仅蒙版：勾选后，可以将通道作为蒙版使用。

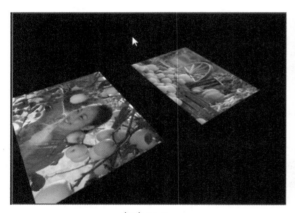
忽略 Alpha

反相 Alpha

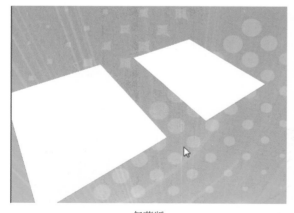
仅蒙版

图 13-4　带有 Alpha 通道的图像素材合成效果

13.5.1 飞机穿越大楼

1. 制作说明

这是个轨道遮罩案例练习。下面将飞机作为前景，央视大楼为背景，来制作飞机穿越大楼的效果，如图 13-5-1 至 13-5-4 所示。

2. 制作步骤

（1）建立新的 DV PAL 序列，画幅大小：720×576 像素。根据背景图像制作一个图像遮罩，可以在字幕设计面板，使用钢笔工具绘制曲线，选择填充曲线，这一部分是要保留显示的部分，填充白色，如图 13-5-5 所示。

（2）将央视大楼图片素材和飞机图片素材分别导入时间线窗口中的视频轨

图 13-5-1 飞机

图 13-5-2 央视大楼

图 13-5-3 穿越合成效果

图 13-5-4 图像遮罩

图 13-5-5　制作轨道遮罩

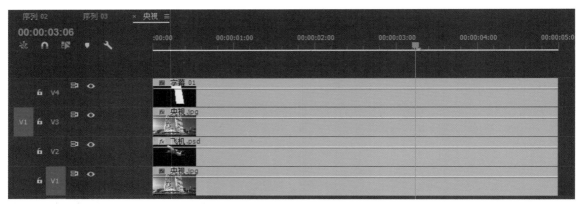

图 13-5-6　轨道素材合成

道 1 和视频轨道 2 中，在视频轨道 3 中复制央视大楼素材，在视频轨道 4 上放置图像遮罩素材，如图 13-5-6 所示。

（3）激活效果面板，打开效果的键控文件夹，选择并拖动"轨道遮罩键"效果到时间线面板的视频 2 轨道的央视大楼图片素材上。

（4）单击效果控制台标签，激活效果控制台调板，选择遮罩图所在的轨道——"视频 4 轨道"，合成方式为亮度遮罩，如图 13-5-7 所示。

图 13-5-7　选择遮罩轨道和合成方式

图 13-5-8　飞机开始位置

（5）在时间线面板上，单击选择视频轨道 2 中的飞机图片素材，单击效果控制台的运动项，使其处于选择状态，单击扩展标志╳，确定时间定位指针在00:00:00:00 位置时，打开位置的切换动画开关，添加关键帧，使飞机最开始位置在画面右侧，调整位置参数，X: 706；Y: 307，如图 13-5-8 所示。

◇确定时间定位指针在 00:00:08:00 位置，单击 ◀ ◆ ▶【添加→移除关键帧】，添加关键帧，调整位置参数，X:137；Y:231，使飞机最后结束在画面左侧，如图 13-5-9 所示。

◇按回车键，预览作品。飞机在大楼外飞行，穿过大楼的中间，飞出。

图 13-5-9　飞机结束位置

13.5.2　石头书法

1. 案例说明

通过对自然画面进行修饰，使用抠像与遮罩技术模仿自然景观，制作书法文字刻写在石头上的虚拟合成，实现人为的自然效果。

2. 制作步骤

（1）建立新的 DV PAL 序列，画幅大小：720×576 像素。

（2）双击项目面板空白处，打开导入对话框，选择"石头"图片素材和"书法"图片素材，单击打开按钮，导入素材。

（3）将石头图片素材和书法图片素材分别导入时间线窗口中的视频轨道 1 和视频轨道 2 中，如图 13-5-10 所示。

（4）激活【效果控件】面板，打开效果的"键控"文件夹，选择并拖动"亮度键"效果到时间线面板视频 2 轨道的"书法"图片素材上。

（5）单击效果控制台标签，调整亮度键参数：阈值 36%，屏蔽度 80%，对照监视器面板抠出书法文字，如图 13-5-11 所示。

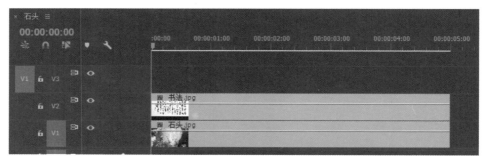

图 13-5-10　素材的布局

　　影视剪辑教程 Premiere Pro CC（2018）

图 13-5-11　添加亮度键

图 13-5-12　添加边角固定效果

图 13-5-13　调整边角固定效果

（6）激活【效果控件】面板，打开效果的"扭曲"文件夹，选择并拖动"边角定位"效果到时间线面板视频 2 轨道的"书法"图片素材上。调整边角四点与石头匹配对齐，如图 13-6-12 和 13-6-13 所示。

（7）根据背景图像制作一个灰度的"图像遮罩"，可以在字幕设计面板，使用钢笔工具对落在人物身上的文字，沿着人物和伞的边缘绘制曲线，选择填充曲线，这一部分是画面要保留的部分，所以要填充白色，如图 13-5-14 所示。

（8）把灰度图的"图像遮罩"文件，导入视频 3 轨道，如图 13-5-15 所示。

（9）激活效果面板，打开效果的"键控"文件夹，选择并拖动"轨道遮罩键"效果到时间线面板视频 2 轨道的"石头"素材上。

（10）单击效果控制台标签，激活效果控制台调板，在遮罩选项中，选择视频 3（图像遮罩所在的轨道）。在合成方式选项中，选择亮度遮罩，如图 13-5-16 所示。

（11）按回车键，预览作品。书法刻印在大石头上，人物遮挡住文字。

图 13-5-14　添加遮罩

图 13-5-15　时间线轨道的素材布局

图 13-5-16　轨道遮罩键参数设定

------------- 第 14 章
------------- 影视作品的渲染与输出

课程学习要点

通过本章教学，使学生掌握影片渲染及输出的方法、步骤，影片输出过程中的参数设置以及不同文件格式的输出方法及用途。

- 影片的渲染
- 影片的输出
- 不同格式文件的输出

14.1 影片的渲染

渲染是影视节目在后期制作过程中常用的一种辅助播放的方法，剪辑节目需要流畅播放，一些施加效果的复杂部分剪辑会出现播放停滞、断续的状况。播放速度不流畅，剪辑者得不到实时的播放速度，难以把握剪辑的真实情况。对于需要渲染的影片段落，可以展现工作区域栏或确定入出点的方法来限定。

1. 工作区域栏

点选序列面板左上的 ▤ 按钮，在弹出菜单选择工作区域栏选项，如图14-1-1 所示。

勾选工作区域栏选项后，工作区域栏会显示在序列窗口轨道上方的位置，起始位置分别是工作区开始和工作区结束两个控制点。红色线为添加效果后不能流畅播放区域，需要渲染。绿色线为完成渲染后的区域，黄色线为流畅区域，如图14-1-2 所示。

根据要渲染内容的位置，可以通过直接拖拽的方法调整工作区域条的位置，具体方法是：将鼠标放置在开始工作区位置（ ▐ ），按住鼠标左键向左或者向右拖拽，到达合适位置后松开鼠标；然后再将鼠标放置在结束工作区位置（ ▐ ），按住鼠标左键向左或者向右拖拽，到达合适位置后松开鼠标。这样即可完成对渲染工作区域的设置，如图14-1-3 所示。

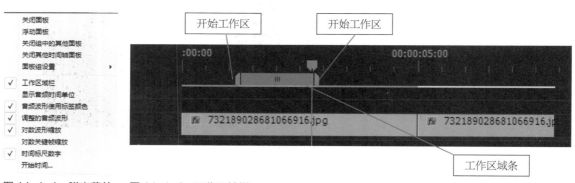

图 14-1-1 弹出菜单　图 14-1-2 工作区域栏

工作区域条改变前　　　　　　　　　　　　工作区域条改变后

图 14-1-3 工作区域条调整前后比对

接下来，选择"序列"命令 > 渲染工作区域内的效果，或者是直接按下键盘上的"回车"键，开始对所选择的区域进行渲染，同时弹出"正在渲染"对话框显示渲染进度，如图14-1-4所示。

图 14-1-4　渲染进度对话框

渲染结束后，系统会自动播放渲染的片段，在"时间线"面板中，所渲染的部分会由红色线变为绿色线，如图14-1-5所示。

2. 入出点确定渲染区域

红色线为添加效果后不能流畅播放区域，需要渲染，黄色线为不需要渲染的流畅区域。在序列的红色线设定入出点，可以对选择的区域进行渲染，如图14-1-6所示。

根据要渲染内容的位置，可以直接使用 I/O 键确定渲染区域位置，具体方法是：将鼠标放置在序列的开始位置，按下 I 键，结束位置；按住 O 键，确定渲染区域。

选择"序列"命令 > 渲染入点到出点的效果，或者是直接按下键盘上的"回车"键，开始对所确定的区域进行渲染，耐心等待渲染对话框显示渲染进度。渲染结束后，系统会自动播放渲染的片段，在"序列"面板中，被渲染的部分会由红色线变为绿色线，如图14-1-7所示。

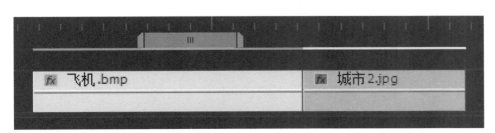

图 14-1-5　渲染完成

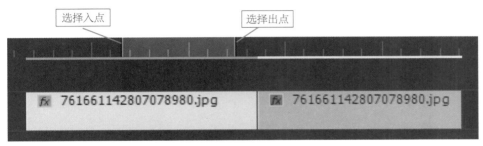

图 14-1-6　确定渲染区域

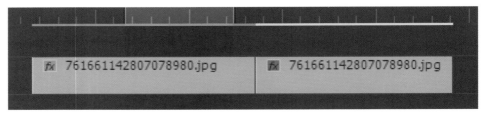

图 14-1-7　渲染完成

14.2　文件输出设置

剪辑完成后，需要把项目文件中的各个序列的剪辑导出，输出成各种格式的视频文件形式，方便在任何演示平台播放或保存。Premiere Pro CC 可以完成专业的视频输出，可以将剪辑结果输出为多种类型的文件形式，以满足不同的需求。

14.2.1　选择输出格式

选择【文件】-【导出】-【媒体】命令，或使用 Ctrl+M 快捷键，打开导出设置面板，如图 14-2-1 所示。

图 14-2-1　导出设置对话框

导出设置面板包括以下几个选项：

◇与序列设施匹配：如果要求输出文件的格式与剪辑的视频格式完全一致，勾选"与序列设施匹配"复选框，系统会自动以与当前序列相匹配形式导出，如图14-2-2所示。

◇格式：用来选择导出的文件格式类型。在格式下拉菜单中，提供了多种文件类型，可根据需求选择，如图14-2-3所示。

◇预设：可以选择预设的格式。

◇输出名称：用来设置影片导出后的保存位置及名称。点击"输出名称"后面的蓝色文字，在另存为对话框中，选择文件的存储位置，修改文件名，点击"保存"即可。

◇导出视频：勾选该复选框，导出的影片含有视频部分。

◇导出音频：勾选该复选框，导出的影片含有音频部分。

◇摘要：显示已完成设置的视频格式信息。

14.2.2 调整画面尺寸

在原选项卡状态，点选 ⊡ 按钮，画面周围为白色线框。调整线框大小可重新确定画面尺寸，也可直接修改右侧的参数选项确定画面大小，如图14-2-4所示。使用裁剪比例选项，可确定输出画幅的宽高比。在输出选项卡中可以看到修整后的画面，如图14-2-5所示。

14.2.3 调整输出范围

影视作品编辑完成之后，在输出时，需要选择输出的区域。在导出设置对话框的左半屏下方"源范围"选项中可以选择不同的输出区

图14-2-2　导出设置选项

图14-2-3　格式选项

图 14-2-4 调整画面大小

图 14-2-5 调整画幅比例

图 14-2-6 输出区域选择

域方式，见图 14-2-6 所示。

区域选择方式主要有 4 种：

◇整段序列：选择此选项，输出的影片范围即整个序列的内容。

◇序列切入 / 序列切出：选择此选项，输出的影片范围为序列中素材的入点到出点间的内容。

◇工作区域：选择此选项，输出影片范围为工作区域栏覆盖的范围。

◇自定义：选择此选项，输出的影片范围可以根据需要自行调节位置及范围。调节方式可通过改变上方的蓝色条位置及范围，如图 14-2-7 所示。

图 14-2-7 自定义区域

14.2.4 视频选项卡设置

激活"视频"选项卡，可以更改视频设置，修改影片品质。以 H.264 格式为例，其基本视频设置如图 12-2-8 所示。

◇宽度／高度：设置影片的尺寸。

◇帧速率：设置每秒播放画面的帧数，提高帧速率会使画面播放更流畅。

◇场序：设置影片的场扫描方式。

◇长宽比：设置画面的宽高比。

◇电视标准：设置电视制式。

◇以最大深度渲染：设置影片的压缩品质。

14.2.5 输出音频设置

在"音频"选项区域中，可以为输出的音频设置压缩方式、音频采样率等相关参数。以 QuickTime 格式为例，如图 12-2-9 所示。

图 12-2-8　视频选项卡

图 12-2-9　音频选项卡

1. 音频编码：为输出的音频选择合适的压缩方式进行压缩，可选择默认"未压缩"。

2. 基本音频设置：48000Hz

◇采样速率：设置音频在输出时的采样速率。采样速率越高，质量越好，所占用的磁盘空间越大。

◇样本大小：设置音频在输出时所使用的声音量化倍数。量化倍数越高，声音质量越好。

3. 音频通道配置

输出的声道：立体声或单声道或 5.1 声道。

14.3　输出文件

剪辑的最后输出，要根据节目的播出场合和质量要求选择适合的输出格式。

图 14-3-1　导出选项勾选

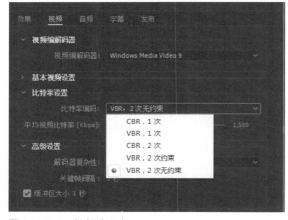

图 14-3-2　视频选项卡

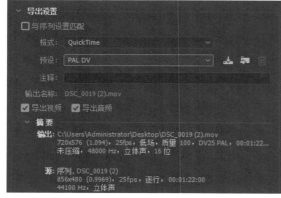

图 14-3-3　导出设置

14.3.1　动态影片的输出

动态影片的输出是后期编辑最普遍、最常用的输出方式。

1. 输出 WMV 文件

WMV 是微软推出的视频文件格式，支持流媒体，是一种好用的视频文件格式。

点击"文件 > 导出 > 媒体"命令，打开"导出设置"面板，从"格式"下拉菜单中，选择"Windows Media"（WMV）选项；预设选择 HD 720P 25。在"输出名称"处对文件保存位置及文件名称进行设置；勾选"导出视频""导出音频"前面的复选框，如图 14-3-1 所示。

激活视频选项卡，可以更改视频设置，修改影片品质，如图 14-3-2 所示。

比特率设置：

一次编码：保持码率基本维持在平均码率上，可以简单、快速完成。

二次编码：二次编码比一次编码质量要好一些。但是编码时间也会增加不少，文件容量也要比第一次的大。

2. 输出 Quick Time 文件

点击"文件 > 导出 > 媒体"命令，打开"导出设置"面板，从"格式"下拉菜单中，选择"Quick Time"（mov）选项；预设选择 PAL DV。在"输入名称"处对文件保存位置及文件名称进行设置；勾选"导出视频""导出音频"前面的复选框，如图 14-3-3 所示。

3. 输出 H.264 文件

点击"文件 > 导出 > 媒体"命令，打开"导出设置"面板，从"格式"下拉菜单中，选择"H.264"选项；预设选择匹配源 – 高比特率。在"输出名称"处对文件保存位置及文件名称进行设置；勾选"导出视频""导出音频"前面的复选框，如图 14-3-4 所示。

4．输出 MPEG 文件

MPEG 是一种常见的视频文件格式，有多种样式的编码方式。

点击"文件 > 导出 > 媒体"命令，打开"导出设置"面板，从"格式"下拉菜单中，选择"MPEG 蓝光"选项。在"视频"选项卡处进行设置，如图 14-3-5 所示。

图 14-3-4　导出设置

14.3.2　静态图片序列的输出

在 Premiere Pro CC 中可以将动态视频输出为一张张静态图片序列，也就是说可以将视频文件的每一帧画面都输出为一张静态图片，并根据设置的文件名称将每张图片进行自动编号。其具体操作步骤如下：

（1）打开序列文件，选择所要输出的序列。

（2）选择【文件】-【导出】-【媒体】命令，或使用 Ctrl+M 快捷键，打开导出设置面板。从"格式"下拉菜单中，选择合适的静态图片格式，如 JPEG 格式；在"预设"选项的下拉列表中选择"JPEG 序列（匹配源）"，如图 14-3-6 所示。

（3）确定勾选住"视频"选项下"导出为序列"前面的复选框。取消"导出为序列"勾选，将输出一个单帧图片文件，如图 14-3-7 所示。

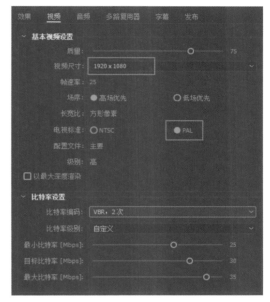

图 14-3-5　导出设置

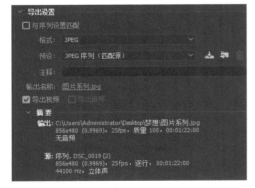

图 14-3-6　导出格式设置

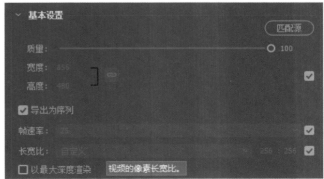

图 14-3-7　设置为序列文件形式

图 14-3-8

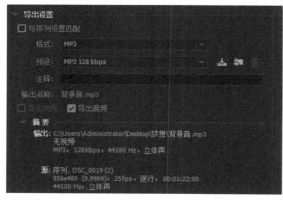

图 14-3-9

（4）单击"输出名称"处将右侧的蓝色文件名，设置输出文件的保存位置及文件名称。在弹出的"另存为"对话框中给文件命名。单击"保存"按钮，当进度条走完后，生成的静态图片序列即可自动保存在指定位置上，如图14-3-8 所示。

14.3.3　音频文件的输出

在影视节目制作过程中，有时需要将视频文件中的音频素材导出，即输出音频文件，其具体操作步骤如下：

（1）在序列中添加一段带有声音的视频文件，并调整工作区域条的位置，确定输出文件的范围。

（2）点击"文件 > 导出 > 媒体"命令，打开"导出设置"对话框，在"源范围"处选择"工作区域"；从"格式"下拉菜单中，选择"MP3"选项；在"预设"选项的下拉列表中选择"MP3 128kbps"；在"输出名称"处对文件保存位置及文件名称进行设置；勾选住"导出音频"前面的复选框，其他参数默认即可，如图 14-3-9 所示。

（3）单击"导出"按钮，当进度条走完后，生成的音频文件即可自动保存在指定位置上。